Carlo d'Asaro Biondo
Francis Morel

L'HUMANITÉ FACE À L'IA

Le combat du siècle

CALMANN LEVY

CALMANN LÉVY
ÉDITEUR DEPUIS 1836

COUVERTURE
Maquette : 'Olo
Illustration : Michel-Ange, *La Création d'Adam* (détail)

ISBN : 978-2-7021-9176-7

Ce livre est dédié à nos épouses, Nathalie et Chantal, preuves vivantes que l'Intelligence Artificielle ne dépassera jamais l'intelligence émotionnelle, l'ingéniosité et l'intelligence du cœur réunies.

Carlo et Francis

SOMMAIRE

PROLOGUE

NOUS N'ÉTIONS PAS FAITS POUR NOUS ENTENDRE

« Le changement, tu le prends par la main ou il te prend par la gorge. »

Attribué à Winston CHURCHILL

« Internet est le produit d'une combinaison unique de stratégie militaire, de coopération scientifique et d'innovation contestataire. »

Manuel CASTELLS

Nous n'étions pas faits pour nous entendre.

Notre première rencontre date de la fin de 2010, au siège du Syndicat de la presse quotidienne nationale. Depuis plusieurs mois, les médias français sont en effervescence. Après avoir asséché le lucratif marché des petites annonces, qui fut longtemps une des vaches à lait des médias, internet menace de siphonner leurs ressources publicitaires. En cause : la déferlante Google et son modèle économique, formidablement efficace pour les annonceurs. Déjà victimes d'une érosion des ventes aussi lente qu'inéluctable et des effets de la loi Évin qui les a privés de la manne des campagnes liées au tabac et à l'alcool, les éditeurs de presse craignent de voir leurs pages de publicité migrer vers le web avec l'achat de « mots-clés » sur le moteur de recherche. Problème : Google se sert largement dans le contenu des médias pour alimenter ses réponses aux requêtes des internautes. Dans l'esprit de nombreux patrons de journaux, le géant américain se fait impunément de l'argent sur leur dos.

De premiers échanges téléphoniques avec les représentants de Google Europe se sont révélés infructueux et décision est prise de se rencontrer *in vivo*. La presse reçoit à domicile, au siège du syndicat. Francis, alors directeur général du *Figaro*, en est le président, mais tous sont présents, en particulier *Le Monde*, *Libération*, *Les Échos*, *L'Équipe* et *La Tribune*. Google, de son côté, a dépêché son directeur général Europe-Moyen-Orient-Afrique, qui n'est autre que Carlo.

Francis ouvre les hostilités, en sa qualité de puissance invitante : « Nous souhaiterions connaître les modalités de rémunération proposées par Google en contrepartie de l'utilisation des données éditoriales de la presse par son moteur de recherche. »

Carlo rétorque : « Il y a malentendu. Nous sommes venus discuter des collaborations inédites que nous pourrions imaginer entre Google et la presse. Mais l'idée de payer pour référencer des contenus éditoriaux, surtout les "news", n'est pas et ne sera jamais sur la table. Les contenus "news" ne génèrent aucune valeur économique directe pour Google. La rémunération de vos contenus réside dans le trafic – donc les potentiels clients – que le moteur de recherche vous amène. »

Francis, interloqué : « Aucune valeur ? »

Carlo, ferme sur sa position : « Aucune. Notre modèle… »

Francis, lui coupant la parole : « Si cette position est définitive, cette réunion n'a aucune raison d'être. »

Carlo le prend au mot, se lève et, avec ses collaborateurs, quitte la salle. Fin du premier round. Le moins que l'on puisse dire est que nous n'aurions misé ni l'un ni l'autre sur l'amitié qui allait peu à peu se tisser entre nous.

Il faut préciser qu'environ un an après cette première rencontre, contre toute attente, nous parvînmes à un accord, notamment parce que le P-DG de Google de l'époque, Eric Schmidt, souhaitait vivement trouver un équilibre – et nous aussi. Nous avions un autre allié de fait : le président de la République François Hollande. La reconnaissance légale du droit d'auteur a en effet été ratifiée en France dès le 13 janvier 1791 par l'Assemblée constituante, à l'initiative de Beaumarchais. Il s'agissait alors de la première loi au monde édictée pour protéger les auteurs de presse d'information et leurs droits. En raison de cette tradition plus que bicentenaire, François Hollande souhaitait que la France soit pionnière dans la reconnaissance du droit voisin du droit d'auteur.

Depuis, notre dialogue ne s'est jamais interrompu. Ce livre rédigé à quatre mains en est l'un des fruits.

***

Il paraît dans un moment singulier.

Jusqu'à l'arrivée de ChatGPT, qui est capable de répondre aux questions de manière naturelle sur absolument tous les sujets, l'intelligence artificielle (IA) était réservée à un cercle de spécialistes. Depuis, le débat sur l'IA a envahi tous les secteurs d'activité ; il est notamment omniprésent dans la presse.

Le développement de cette technologie au cours des trente dernières années n'a pas répondu à un plan concerté. Mais son arrivée à maturité, comme l'explique l'ancien patron de Google, Eric Schmidt, s'inscrit dans un schéma de pensée et d'action propre au monde du numérique, qu'il est essentiel de comprendre. Obsession de l'innovation. Recherche permanente des meilleures solutions technologiques. Foi en l'idée que la révolution numérique sera bonne, voire essentielle, pour l'humanité.

L'ambition de ce livre est de vous raconter l'aventure d'internet et, à travers elle, de vous donner les informations et outils de pensée pour comprendre les enjeux de la révolution en cours. Elle vous touchera individuellement – si ce n'est déjà fait – comme être humain ; elle nous touchera collectivement puisqu'elle interroge notre humanité.

À travers les étapes successives de cette histoire, vous repérerez des constantes qui éclairent le présent. Elle s'ouvre avec la mise en place d'infrastructures simples et communicantes : le réseau internet mondial (ou World Wide Web), gigantesque toile d'araignée qui nous connectera, un jour, tous. Nous décrirons l'émergence de l'e-commerce, celle des blogs puis, presque naturellement, comment le réseau internet s'est rendu mobile et comment la mobilité est devenue connexion « partout et tout le temps », pour déboucher sur les réseaux sociaux. Nous vous raconterons comment le cloud a autorisé la création des blockchains et des cryptomonnaies pour, enfin, déboucher sur l'IA.

Chacune de ces étapes résulte de paris simples, dont le succès provient d'une seule et même obsession : mettre en place des solutions ergonomiques, au service du grand public. Comme le disait Léonard de Vinci : « La simplicité est la sophistication suprême. » L'ergonomie, comme nous le verrons, est le moment où une technologie devient assez simple d'utilisation pour se généraliser auprès de toute la population. Cela correspond à son moment de maturité – comme un fruit prêt à être cueilli.

C'est ainsi que l'IA a pénétré la totalité des activités économiques et sociales. Cette technologie existait déjà, mais elle atteint désormais un point de maturité, grâce à une puissance de calcul inédite dans l'histoire, qui permet d'offrir aux professionnels comme au grand public des applications inimaginables auparavant.

Quels services peut-elle rendre ? Si l'IA actuelle avait existé au début des années 2000, on peut émettre l'hypothèse que la crise financière aurait été évitée. Les capacités de calcul mises au service des banques auraient permis de détecter les risques de taux, d'analyser différents scénarios de stress et d'évaluer les flux de trésorerie nécessaires pour anticiper des retraits massifs, toutes opérations qui demandaient un volume de données à traiter excessif à l'époque.

L'IA apporte aussi aux acteurs d'internet une meilleure connaissance de leurs publics. Alors que les études de marché reposaient jusque-là sur des analyses par strates (les 25-35 ans, les CSP+, les différents niveaux d'éducation, la répartition selon les revenus…), il est désormais possible de réfléchir individu par individu. C'est ce qu'on appelle la granularité. Le futur s'écrit dorénavant au singulier.

Les perspectives sont évidemment vertigineuses, d'autant que les capacités mathématiques des nouvelles machines en préparation sont impressionnantes. Songez que le modèle mathématique actuellement utilisé par Meta (Llama 3) devrait être largement dépassé par son successeur actuellement en préparation (Llama 4), dont les capacités seront dix fois supérieures.

Mais si l'IA apporte des progrès spectaculaires dans de nombreux domaines comme la santé, la finance, le droit, l'agriculture et l'alimentation, il ne faut pas sous-estimer les risques inhérents à son utilisation.

Son poids dans tous nos secteurs d'activité peut entraîner des problèmes liés à l'hyper-interdépendance des économies nationales. En juillet 2024, une grande partie de l'économie planétaire s'est trouvée brutalement gelée. Des millions d'appareils fonctionnant sous Windows ont été mis hors d'usage à la suite d'un simple incident de maintenance sur un outil de sécurité développé par l'entreprise américaine CrowdStrike. En quelques heures, le trafic aérien mondial a été totalement désorganisé, des centaines d'aéroports parmi les plus importants ont été immobilisés, des médias ont été empêchés de publier leurs articles, les paiements par carte bancaire ont été bloqués dans des milliers de supermarchés… Une semaine après cette crise majeure, qualifiée de « plus grande panne informatique mondiale », Air France annonçait une perte sèche minimale de 10 millions d'euros. Aux États-Unis, l'addition montait à 400 millions d'euros pour Delta Air Lines, la compagnie la plus touchée.

Le rétablissement de l'activité a été rapide mais l'avertissement spectaculaire. L'utilisation massive d'internet et de l'IA, essentielle pour le développement économique, s'est révélée être une source de fragilité.

Dans un autre domaine, celui de l'information, nos activités peuvent se trouver très fragilisées selon l'utilisation qui est faite de l'IA : la « qualité » des textes, images, sons ou vidéos qu'elle produit peut nous amener à ne plus savoir distinguer le vrai du faux. Une photo publiée est-elle authentique ou truquée ? Les punaises de lit parisiennes, objet de toutes les inquiétudes en 2023, étaient-elles réelles ou inventées ?

Plus sérieusement, le scandale de Cambridge Analytica a montré que l'IA pouvait influer sur le déroulement d'un processus de vote démocratique. Cette société avait en effet recueilli les données personnelles de 87 millions d'utilisateurs de Facebook sans leur consentement (*via* une application de test de personnalité). Elles ont ensuite été exploitées pour créer des profils psychologiques détaillés des usagers, permettant d'envoyer des messages politiques personnalisés. L'objectif était d'influencer le comportement électoral, notamment en faveur de Donald Trump lors de l'élection présidentielle américaine de 2016 et du Brexit au Royaume-Uni.

L'IA se développe, elle nous apporte beaucoup, mais que peut-elle devenir aux mains de mafias ou de régimes non démocratiques ? Des soupçons sérieux pèsent aujourd'hui sur l'utilisation de l'IA par la Russie pour déséquilibrer l'Ukraine et l'Europe, et des interrogations existent sur la façon dont elle a affecté le déroulement des dernières élections américaines.

Faut-il contrôler voire stopper le développement de l'IA ? Même les dirigeants des géants du web se sont déchirés sur le sujet, peut-être par provocation ou pour générer une prise de conscience commune ; certains ont même plaidé pour un arrêt pur et simple des recherches dans ce domaine. Mais stopper ces recherches n'est plus envisageable. Comme à la roulette, la boule tourne sans que nous sachions où elle va s'arrêter…

Parier sur une bonne utilisation est audacieux. L'homme est rarement sage et raisonnable et le nombre de pays non démocratiques a plutôt tendance à augmenter. Alors, que faire ? Quel monde se présente à nous ? Où en serons-nous dans dix ans ?

***

Nous allons, dans ce livre, réfléchir aux « enfants terribles » d'internet, qui continuent à naître, croître et progresser.

Nous en avons initié le projet en 2022-2023, période charnière à plusieurs égards. Ces années ont vu les géants du numérique comme Google, Facebook et Microsoft vaciller puis réagir face au ralentissement de leur croissance lors de la sortie de la pandémie de Covid-19. Même s'ils restent, et de loin, les plus importantes capitalisations boursières de la planète, les géants californiens connaissent en 2022 les premières décroissances de leur histoire. Et leurs premiers licenciements…

De nouveaux modèles économiques émergent. Twitter et Facebook exigent un abonnement pour « certifier l'identité des usagers », Microsoft déploie son cloud, Amazon se tourne massivement vers la recherche de revenus publicitaires, concurrençant Google…

Puis l'IA générative arrive. Pas en tant que technologie – elle existe depuis fort longtemps, nous y reviendrons –, mais elle atteint un point de maturité qui lui permet de proposer au grand public comme aux professionnels de nouveaux contenus audio, vidéo ou écrits. La course à la capitalisation en Bourse repart ainsi de plus belle avec l'arrivée de ChatGPT (« GPT » pour *general purpose technology* : c'est un moteur de recherche qui répond aux questions par de simples phrases, comme le ferait un ami, une mère ou un enseignant).

Pour Carlo, 2023 marque aussi un anniversaire important : un quart de siècle de travail dédié, d'une manière ou d'une autre, à internet. Italien de père et français de mère, Carlo a consacré sa vie à ce domaine, après un doctorat d'économie à Rome. Une première expérience dans le conseil l'amène à Paris pour relancer KPMG Consulting France, puis il dirige pendant vingt-cinq ans des entreprises de technologie : AOL en France et en Europe, les activités du groupe Lagardère Active dans le monde et, pendant onze ans, Google Europe. Il fonde ensuite la division Cloud du groupe Telecom Italia avant de contribuer, en 2024, au plan de sauvetage du groupe Atos en tant que patron des Opérations et de devenir senior advisor au Boston Consulting Group (BCG). Ce quart de siècle, c'est le temps d'une génération pour réapprendre à penser, pour constater que l'exécution est plus importante que l'idée mais que la créativité reste un élément fondateur de toute entreprise.

Francis, lui, a passé quarante ans dans les médias, dont quatorze à diriger, successivement, deux des principaux groupes de presse français (*Le Figaro* puis *Les Échos-Le Parisien*). Il a été le cocréateur avec Maurice Lévy de VivaTech, premier salon mondial sur les innovations technologiques et les start-up, où sont venus entre autres Eric Schmidt, Mark Zuckerberg et Elon Musk. Au nom de la Presse quotidienne nationale, il a négocié pendant plusieurs années avec Google pour obtenir la reconnaissance de la notion de droit voisin et le paiement d'une juste rémunération.

Pour lui, ce livre est l'occasion de réfléchir à ce que la révolution numérique nous a réellement apporté :

internet, en même temps qu'il détourne une partie des acheteurs traditionnels de presse du journal imprimé, permet de trouver une nouvelle clientèle, différente, plus jeune, à condition de mettre en place un nouveau modèle économique.

Ces années sont aussi celles de l'émergence, dans l'opinion, d'un débat sur les risques du numérique pour l'homme et pour l'environnement. Les IA vont-elles remplacer les médecins, les ingénieurs et les journalistes, comme les machines-outils ont remplacé les ouvriers ? Un ordinateur sera-t-il plus « intelligent » que nous ? La mondialisation, en homogénéisant la pensée, détruira-t-elle les cultures et spécificités locales ? Comment nos valeurs résisteront-elles à ces changements ? Sommes-nous face à une crise de la technologie, à la fin de l'hégémonie des plateformes, à une remise en question profonde des conséquences de la révolution technologique du demi-siècle écoulé ? Nous proposerons une série de réponses à toutes ces questions.

Elles nous concernent toutes et tous, en tant qu'êtres humains, en tant que sociétés. Nous devons comprendre ce que la technologie peut nous apporter de bon et éviter qu'elle nous déshumanise. Ces problématiques peuvent se résumer à une simple interrogation : « Serons-nous capables de choisir les éléments de la technologie qui améliorent notre qualité de vie et d'éviter ceux qui la détériorent ? » Cette réflexion, et ce n'est pas un hasard, a été formulée par le biologiste David Baltimore, un des pères de la virologie moderne. Comme un virus, internet change le mode de fonctionnement des organisations auxquelles il s'attaque. Comme un virus, il fait peur et se propage souvent par contagion. Comme un virus, enfin, l'intelligence artificielle et internet savent muter pour continuer à se développer.

***

Nous partageons tous deux une certaine prudence face aux prévisions menaçantes et radicales, aux annonces de « changement de paradigme » auxquelles nous sommes constamment confrontés, et qui nous vouent à l'enfer d'une disruption continue faute d'embrasser sans réserve le changement, comme nous embrassons l'amour de notre vie.

D'ailleurs : embrasser le changement, qu'est-ce que cela signifie ? La menace et la peur poussent parfois à l'action mais elles inhibent la compréhension des phénomènes. Rien de plus dangereux, quand on affronte le changement, que d'agir sans comprendre.

L'histoire d'internet est riche d'enseignements qui sont de nature à nous aider à analyser les défis actuels. Ses grands succès reposent sur des paris dont les causes et les conséquences ont été décortiquées et assimilées par ceux qui ont réussi. Retenons-en trois à ce stade. D'abord, ce qu'on appelle « l'effet réseau » : le nombre de personnes qui utilisent un produit contribue à son intérêt. Ensuite la loi de Moore. Formulée en 1977, elle a connu diverses versions mais son expression la plus simple est la suivante : la puissance de calcul double tous les 18 mois ; le coût de stockage de l'information diminue d'autant. Enfin, « l'effet plateforme » : fournissez aux utilisateurs un service simple et suffisamment ouvert pour qu'ils l'adoptent en masse, et vos utilisateurs eux-mêmes travaillent en quelque sorte pour vous, gratuitement, et renforcent votre modèle économique.

Ces trois principes expliquent aussi bien les succès du PayPal d'Elon Musk que ceux du Google de Larry Page et Sergey Brin, du Facebook de Mark Zuckerberg, et même des « ancêtres » Apple et Microsoft. Tous, dès leur création, ont compris comment faire mieux et plus simple (ou plus efficace) dans la résolution d'un problème en utilisant la puissance du numérique et des réseaux. On pourrait même avancer, *a contrario* des discours flamboyants sur « l'innovation », que ces entreprises ont rarement formulé des idées neuves. Elles ont surtout observé le monde, identifié des difficultés et conçu des manières simples, efficaces et faciles d'utiliser ce que nous appelons la « technologie » pour les résoudre.

Google n'a pas inventé le moteur de recherche. Google a inventé le premier moteur de recherche que tout le monde peut et veut utiliser car il est plus simple, ergonomique et performant. Apple n'a pas créé le premier smartphone. Apple a créé le premier smartphone que tout le monde peut utiliser, sans formation particulière. Même Elon Musk n'a pas inventé la voiture électrique – il en existait déjà au début de l'histoire de l'automobile –, mais il a créé les premières voitures électriques capables de rivaliser avec les voitures thermiques et de proposer une réponse au défi environnemental.

***

Mais alors, qu'a changé internet ? Où est la « révolution » ?

Elle est double : internet agit à la fois comme « grand amplificateur » et comme « grand accélérateur ». Il permet de diffuser très vite, au niveau mondial, de nouvelles solutions. Ce faisant, internet n'est pas seulement un accélérateur de la mondialisation, il en est aussi un vecteur. Il a fait du monde un village connecté ; il est un contributeur actif du nouveau monde globalisé.

Ce livre vous propose de comprendre les défis du moment. Il naît pour partager ce que nous avons appris dans nos vies professionnelles. Nous l'avons écrit avec attention afin que chacun puisse comprendre l'impact des technologies de l'informatique sur nos professions et nos vies sociales en général. Il ne fera pas forcément de vous un expert, mais il vous permettra de participer au dialogue en connaissance de cause, de ne pas subir la technologie, de pouvoir faire face aux enjeux et opportunités qu'elle génère.

Pour cela, nous allons revisiter l'histoire d'internet et de ses rejetons : la mobilité, le cloud, la réalité augmentée, les cryptomonnaies, l'intelligence artificielle, le métavers… Nous les décrirons de la façon la plus simple possible et réfléchirons aussi aux questions que la croissance de ces « enfants terribles » pose aux entreprises et à chacun d'entre nous. Nous proposerons enfin une démarche à suivre, une attitude, pour avancer dans notre nouveau monde.

Mais pour ouvrir notre voyage, plongeons directement au cœur du sujet qui fait l'actualité : l'intelligence artificielle et les défis qu'elle nous adresse.

INTRODUCTION

VOUS AVEZ DIT *INTELLIGENCE* ARTIFICIELLE ?

> « Par ma foi ! il y a plus de quarante ans que je dis de la prose sans que j'en susse rien, et je vous suis le plus obligé du monde de m'avoir appris cela. »
>
> MOLIÈRE, *Le Bourgeois gentilhomme*, acte II, scène IV

« S'il pleut à la Saint-Médard, la vendange diminue d'un quart. Mais s'il fait beau à Saint-Barnabé, elle diminue de moitié. » Cela fait bien longtemps que les vignerons bourguignons tentent d'apprivoiser les aléas de la météo pour optimiser leur production, tout comme M. Jourdain faisait de la prose sans le savoir dans *Le Bourgeois gentilhomme* de Molière.

Pour les vignerons, l'enjeu est de taille. Le pinot noir et le chardonnay, cépages typiques de la région, sont particulièrement sensibles aux variations climatiques. La finesse de la peau du pinot noir le rend extrêmement vulnérable aux maladies, à la grêle ou aux coups de soleil. Le climat a donc un impact important sur la qualité de ce raisin, raison pour laquelle on le plante généralement sur les coteaux et les collines, là où le climat est plus frais, et sur les sols calcaires et argileux qui offrent le meilleur drainage. Le chardonnay, le cépage des blancs, prospère, lui, sur des sols calcaires plus riches, au pied des collines. La gestion de la vendange en Bourgogne, où les conditions climatiques varient de manière particulière, est un autre moment essentiel pour la qualité du vin. Une erreur dans la maturité des raisins affecte la concentration des arômes et la structure même du vin. Trop tôt et c'est l'acidité qui va dominer, trop tard et c'est l'excès de sucre, la perte de la fraîcheur. À la clé : des millions d'euros de chiffre d'affaires en plus ou en moins, des emplois et des entreprises prospères ou fragilisés.

Des siècles durant, les vignerons ont donc élaboré et transmis des indications sous forme de maximes afin d'optimiser la qualité (« Si le temps est clair le 24 mai, la vendange sera bonne », « En juin, prépare autant de tonneaux que tu compteras de jours beaux »...). Comme le dit Aubert de Villaine, le producteur des plus grands vins de Bourgogne, « il existe un mystère de l'union entre un cépage et son terroir, un mystère des parcelles distinguées par les hommes depuis les moines de Cîteaux ». Quel aurait été l'impact sur la qualité du vin si ces moines avaient disposé d'une intelligence artificielle pour les aider ? L'avenir nous répondra. L'IA a déjà une influence, modeste mais croissante, dans les vignobles français, pour surveiller les différences dans les sols et les microclimats. La petite taille des vignobles nécessite une analyse très détaillée des différences de comportement des sols en fonction de leur exposition, de leurs caractéristiques spécifiques.

L'idée d'adapter l'usage des engrais et de l'eau aux climats et aux sols est donc aussi ancienne que l'agriculture elle-même, mais l'informatique a contribué à perfectionner cela dès les années 1970. La cartographie des sols par GPS permet de recueillir des données sur l'absorption de l'eau, la teneur en nutriments, l'acidité, et de minimiser l'usage d'engrais ou de produits chimiques. Le suivi du rendement par parcelle permet d'analyser la productivité d'un sol et aussi d'optimiser l'usage de l'eau.

L'introduction d'algorithmes de prédiction en météorologie, pour anticiper les risques d'infestation de ravageurs et/ou pour prévoir les rendements a commencé autour de l'an 2000. Puis, à partir de 2010, l'émergence du *machine learning* et des technologies de vision par ordinateur modifie toute la filière agricole (et pas seulement viticole). Des drones sont utilisés pour surveiller les cultures, des capteurs pour analyser les sols, des données sont collectées quotidiennement pour améliorer chaque étape. Dans la vigne, les drones détectent des signes de maladies, la présence de parasites, et les capteurs relèvent les carences nutritionnelles. Images et données des capteurs sont analysées par des algorithmes qui assistent les viticulteurs dans leurs choix pour l'irrigation, la maturité des raisins, la fertilisation, la nécessité de traitements phytosanitaires.

Bien sûr, les vins de Bourgogne ou du bordelais sont des produits coûteux et les producteurs pourraient investir dans les technologies pour les assister.

Alors, partons en Afrique.

***

Carlo a eu l'occasion d'observer l'impact de l'IA sur l'agriculture en se rendant plusieurs fois sur le continent africain, quand il travaillait pour Google. Le changement est progressif et, pour l'heure, insuffisant pour résoudre le défi massif de l'alimentation sur le continent. Mais, en vingt ans, il a déjà radicalement modifié la production agricole dans certaines zones.

L'application PlantVillage Nuru permet par exemple aux agriculteurs d'Afrique de l'Est de prendre des photos de leurs plantes et de détecter des maladies ou les signes annonciateurs de l'arrivée d'insectes ravageurs. FarmDrive, au Kenya, donne la possibilité aux agriculteurs d'utiliser leur historique de production pour obtenir des crédits. Aeroview est quant à elle une plateforme d'IA qui utilise des drones et des images satellitaires pour surveiller les cultures et optimiser l'irrigation et tous les traitements, aidant aussi à choisir où porter son attention et quand.

L'IA permet de savoir quelles cultures privilégier dans quelles zones, quelle irrigation est nécessaire, quelle période de plantation sera idéale. À cela s'ajoutent la lutte contre les maladies mais aussi l'analyse des prix de marché afin de faciliter les choix des agriculteurs. Des applications mobiles simplifient l'adoption de ces techniques par les agriculteurs. Les données de production peuvent les aider à obtenir un crédit ou une assurance. Hello Tractor est très utilisé au Kenya et au Nigeria où l'accès à la machinerie agricole est limité. Il s'agit d'une sorte d'Uber des tracteurs : l'application mobile connecte les propriétaires de tracteurs aux agriculteurs pour proposer le tracteur à la demande. Hello Tractor utilise l'IA pour la maintenance prédictive, la répartition des tracteurs en fonction des données de géolocalisation pour optimiser leur usage, la prévision de la demande en fonction du climat et du rendement estimé des récoltes.

Sans l'IA, il serait difficile d'organiser et de rentabiliser un tel service.

Bref : l'IA est déjà entrée de plain-pied dans nos vies, non seulement dans les riches vignobles bourguignons mais aussi jusque dans les arides terres africaines.

***

Il a pourtant fallu attendre novembre 2022 et l'arrivée de ChatGPT pour que s'ouvre une conversation mondiale au sujet de l'intelligence artificielle. ChatGPT est devenu en quelques mois l'IA la plus célèbre au monde – le nombre de ses utilisateurs hebdomadaires est passé de 100 à 200 millions au cours de la seule année 2024 selon OpenAI, l'entreprise qui l'a conçu. Nous avons été nombreux à découvrir à cette occasion que, loin d'être limitée aux usages quotidiens de ChatGPT, l'IA était en train de s'imposer dans tous les secteurs de la vie économique et même sociale.

Une part non négligeable du buzz qui l'entoure est liée à cette appellation d'« intelligence » artificielle, en tout cas en France. En anglais, le mot *intelligence* renvoie essentiellement à la notion de renseignement ou d'information – d'où le nom de la CIA (Central Intelligence Agency), ou l'expression anglaise *intelligence service* qu'on traduit par « service de renseignement » en français.

Pendant longtemps, les systèmes informatiques sur lesquels repose ce que l'on nomme aujourd'hui couramment IA ont d'ailleurs été appelés *machine learning*. Ces mots désignent la capacité d'un ordinateur à apprendre par l'analyse de données. L'expression « intelligence artificielle » fait directement référence aux dimensions subjectives, émotionnelle et sociale du phénomène. Elle renvoie à l'imitation et, potentiellement, au dépassement de l'intelligence humaine. D'où les craintes qu'elle charrie, pour notre société, notre planète, notre futur.

Prenons quelques pages pour la définir, avant d'examiner en profondeur ce qu'elle modifie.

***

L'intelligence est généralement définie comme la capacité à comprendre, apprendre, raisonner et s'adapter à de nouvelles situations. Le mot « artificielle » évoque ici la simulation des processus cognitifs humains. Elle s'obtient en appliquant des connaissances et en utilisant la partie rationnelle de l'intelligence – la logique. Dans ce domaine, il y a peu de doutes que l'intelligence artificielle, par sa rapidité dans l'analyse de données, dépasse déjà largement les performances humaines ; nous allons vite en voir plusieurs exemples.

Mais, dans le langage courant, on attribue aussi à l'intelligence la capacité à comprendre son environnement par ce qu'on appelle les intelligences sociale et émotionnelle. C'est là le premier risque que fait peser l'IA : se substituer à l'homme, effectuer son travail à sa place, et bouleverser ainsi nos modèles sociaux. Saurons-nous identifier de nouvelles tâches, de nouveaux métiers, en nous adaptant à notre propre création ? Ou l'IA est-elle tellement puissante et envahissante qu'elle remplacera les tâches d'analyse et de réflexion typiques de l'être humain ?

Régulateurs, experts du secteur, philosophes et chercheurs se penchent avec une ferveur et une inquiétude croissantes sur les questions qui en découlent : les IA accéderont-elles à une sensibilité humaine ? Comment intégrer les valeurs de notre pacte social aux perturbations qu'elles annoncent dans nos métiers ? Pourra-t-on s'assurer que leur puissance ne sera pas utilisée à des finalités destructrices ?

***

Ce vertige provient en premier lieu de la façon dont les IA sont conçues. Elles tentent en effet de dupliquer des fonctionnements proprement humains, en l'occurrence analyser des données pour en extraire des informations et prendre des décisions, ce que notre cerveau fait en permanence. Le parcours que la machine effectue est le même que celui que nous faisons pour décider : apprentissage, reconnaissance de modèles, « raisonnement » et prise de décision. Ce n'est pas un hasard si les domaines de prédilection de l'IA sont l'automatisation, la reconnaissance vocale et la vision par ordinateur.

Ce processus d'imitation de l'humain repose sur des techniques : principalement les algorithmes, les modèles d'apprentissage automatique et les réseaux de neurones artificiels.

Le mot « algorithme » viendrait d'une déformation du grec ancien *arithmos*, « nombre », en l'honneur du mathématicien perse Al-Khwarizmi qui a vécu autour de l'an 800. La prononciation latine d'Al-Khwarizmi donne en effet *algoritmi* ou *algorismi*. Ses écrits ont permis l'introduction de l'algèbre en Europe. Al-Khwarizmi est un personnage fascinant. L'utilisation des chiffres arabes et leur transmission au Moyen-Orient et en Europe seraient dues à un de ses livres (*Traité du système de numération des Indiens*), et la diffusion de l'algèbre à son *Abrégé du calcul par la restauration et la comparaison*.

En informatique, l'algorithme est un ensemble d'instructions qui permet d'accomplir une tâche spécifique. Le logiciel suit une série d'étapes en séquence afin d'atteindre son objectif.

Avec l'avènement des ordinateurs, les algorithmes sont devenus les composants centraux de la programmation et du traitement de données. Ils entrent en action à chaque fois que vous utilisez votre ordinateur ou votre smartphone. Algorithmes de tri pour organiser les éléments d'une liste par ordre croissant ou décroissant, afin de les rendre utilisables. Algorithmes de recherche pour trouver un item particulier dans une liste ou pour identifier le plus court chemin entre deux points (c'est ce qui est utilisé pour les GPS). Algorithmes de compression pour réduire le poids des données tout en préservant leurs caractéristiques essentielles. Algorithmes de cryptage qui transforment les données en un format illisible (sans clé de décryptage) afin de protéger et transporter vos données confidentielles.

Deuxième technique : les modèles d'apprentissage automatique. Ce sont des algorithmes qui permettent à un ordinateur d'apprendre à résoudre des tâches à partir de données, sans qu'il soit explicitement programmé pour chacune. Ils se fondent sur des approches mathématiques et statistiques pour donner aux machines cette capacité à « apprendre ». Cet apprentissage consiste à créer un modèle dont l'erreur statistique moyenne est la plus faible possible.

Enfin, les réseaux de neurones artificiels s'inspirent directement du cerveau humain. Ils sont composés de plusieurs unités interconnectées et organisées en couches. La couche d'entrée qui reçoit les données brutes (images, textes ou chiffres) joue le rôle des yeux ; et le cerveau, qui traite ces données grâce à des algorithmes et qui transmet à la couche de sortie, joue le rôle de support. Cette dernière produit le résultat final : un classement, une prévision, la reconnaissance d'un phénomène…

L'IA a introduit de nouvelles possibilités d'analyse de données dans tous les secteurs industriels et de l'activité humaine. Plutôt que d'en dresser une liste qui serait rapidement fastidieuse, nous avons choisi de vous en exposer les effets sur un périmètre qui nous concerne tous : la santé. C'est en outre un domaine dont Carlo a pu observer les évolutions de près chez Google : une fois leur fortune assurée grâce au succès de leur moteur de recherche, Sergey Brin et Larry Page se sont en effet lancé des défis de long terme. Parmi lesquels l'analyse du génome humain et toutes sortes d'autres nouvelles idées qu'ils ont appelées *moonshot.*

Cette expression (littéralement « tir sur la Lune », mais dont le sens figuré signifie aussi « chasse au trésor ») désigne les tentatives de lancer de nouvelles pépites en misant sur un futur à long terme, mais en partant toujours d'un problème à résoudre bien identifié, aussi complexe et ambitieux soit-il (sans problème à résoudre, pas d'ambition et donc pas de *moonshot*). C'est cette mentalité qui a donné naissance à Alphabet, la holding créée pour héberger Google et les autres « tirs sur la Lune » conçus par Sergey Brin et Larry Page.

En ce qui concerne l'analyse du génome humain, elle devait permettre de mieux comprendre les maladies et le vieillissement et d'imaginer qu'il serait possible d'en limiter les effets, voire d'intervenir directement sur le génome et de modifier sa capacité de réaction.

***

Comme tant d'autres, le projet *Génome* a été lancé au cours de ces passionnantes années chez Google où s'appliquait la règle du 80/20 : chaque employé, quel que soit son niveau, avait le droit de proposer des projets et d'y consacrer 20 % de son temps de travail. Cette formule, alors unique en son genre, dynamisait toute l'entreprise. Elle a conduit en 2010 à la création de Google X, entité destinée à canaliser des efforts qui partaient un peu dans toutes les directions. Les voitures autonomes, la numérisation de toutes les bibliothèques du monde, le projet de ballons pour amener internet partout dans le monde et Verily, pour l'analyse du génome, sont nés dans ce cadre.

À l'époque, le coût de séquençage du génome était stratosphérique. Songez que le Human Genome Project, initiative internationale publique démarrée en 1990, a investi environ trois milliards de dollars pour séquencer le premier génome humain complet ! Mais on comprenait déjà que la collecte d'informations génétiques de millions de personnes et leur comparaison allaient permettre de détecter des tendances, d'améliorer la prévention, d'affiner les diagnostics et donc de révolutionner le traitement de nombreuses maladies.

En 2023, le séquençage ne coûte plus que de 600 à 1 000 dollars, en moyenne, selon les analyses du Forum économique mondial. Et ce, grâce à de nombreuses avancées technologiques : l'augmentation de la puissance de calcul, la baisse du coût de stockage de l'information, l'amélioration des algorithmes, et bien sûr l'IA, qui facilite la comparaison de données et l'identification de modèles.

Il a souvent été dit que le projet d'analyse de séquençage du génome de Google relevait initialement de motivations personnelles pour Sergey Brin et Larry Page. Il est en tout cas certain que le sujet fascinait leurs familles depuis longtemps. Pendant que Susan Wojcicki, qui avait loué son garage de Menlo Park à Sergey et Larry aux débuts de Google, développait le programme de gestion de la publicité chez Google, lançait Google Images et supervisait l'acquisition de YouTube qu'elle dirigea longtemps, sa sœur Anne, épouse de Sergey Brin, fondait en 2007 23andMe et se lançait dans les biotechnologies. Anne put investir 4 milliards de dollars pour lancer sa société, qui propose pour une centaine de dollars des tests permettant de connaître son patrimoine génétique. Qui sont nos ancêtres... mais aussi quelles allergies nous menacent et comment mieux gérer notre santé.

Autant dire que l'histoire de la santé avec l'IA ne date pas d'aujourd'hui. La nouveauté est que tous ses métiers sont désormais concernés, du diagnostic au traitement des pathologies.

***

Vous consultez un dermatologue pour une lésion cutanée potentiellement annonciatrice d'un cancer de la peau ? Les laboratoires Google X, en Californie, ont développé dès les années 2010 des outils de photographie (*skin vision*) et des algorithmes de comparaison pour classer les types de cancer et pouvoir ensuite proposer des soins adaptés. Ces photos sont aussi utiles pour d'autres affections de la peau : rosacée, eczéma, psoriasis... Faut-il le préciser : cet outil dispose d'une mémoire et d'une « acuité visuelle » qu'aucun dermatologue au monde n'atteindra jamais.

Vous êtes une femme et effectuez une mammographie afin de vérifier si vous n'avez pas de cancer du sein ? Les algorithmes d'IA peuvent identifier des anomalies dans les images avec une précision et une récurrence bien plus fiables que l'œil humain, en donnant un support essentiel à l'amélioration de l'activité des radiologues humains. Des sociétés comme Zebra Medical Vision ou PathAI développent des algorithmes pour interroger des machines de rayons X, IRM ou scanners à la recherche de motifs difficiles voire impossibles à distinguer par l'œil. Cette technologie est aussi utilisée pour les diagnostics de maladies cardiovasculaires ou de troubles neurologiques. Le scanner cérébral, qui fonctionne sur le même principe, est mis en œuvre pour détecter les risques d'AVC, hémorragiques ou les tumeurs.

Les résultats sont déjà là.

Le diagnostic des cancers s'est fortement amélioré depuis l'avènement de l'IA. Selon la faculté de santé publique de Harvard, citée dans une étude d'IBM, « bien qu'elle n'en soit qu'à ses débuts, l'utilisation de l'IA pour établir des diagnostics pourrait réduire les coûts de traitement jusqu'à 50 % et améliorer les résultats de santé de 40 %[1]. » Quant au cancer de la peau, l'IA détecte 95 % de mélanomes, soit près de 10 % de plus que les dermatologues[2]. Il en va de même pour le diagnostic des maladies oculaires telles que la rétinopathie diabétique ou le glaucome.

Un problème de cœur ? Le diagnostic de maladies cardiaques à travers l'analyse des électrocardiogrammes développée par la société Eko, par exemple, combine stéthoscopes électroniques et IA pour identifier des souffles

---

1. "Responsible AI for Healthcare: Concepts and Applications", https://hsph.harvard.edu/exec-ed/ai-for-health-care-concepts-and-applications/.

2. https://www.oncozine.com/artificial-intelligence-better-dermatologists-diagnosing-skin-cancer/.

au cœur et leur évolution potentielle à partir de signaux audio. Un poumon défaillant ? L'IA a déjà été utilisée pour analyser les scanners thoraciques et identifier les signes d'infection par Covid-19 afin de distinguer les patients nécessitant des soins hospitaliers. L'algorithme CheXNet de l'université de Stanford permet, quant à lui, la détection de la pneumonie.

Ces performances inouïes, qui révolutionnent déjà la médecine, ne doivent rien au hasard. Les IA les obtiennent en puisant dans des bases de données enrichies en permanence. Merative (anciennement IBM Watson Health), par exemple, analyse des millions de documents médicaux pour suggérer des diagnostics et des traitements fondés sur les données médicales des patients.

***

Plus spectaculaire encore : l'IA permet d'individualiser les stratégies thérapeutiques. Aujourd'hui, les traitements qui vous sont suggérés, par exemple si vous avez un cancer, reposent déjà sur des données statistiques. Les médecins savent que tel médicament fonctionne dans X % des cas. Mais on raisonne encore par grandes masses. Avec l'IA s'annonce l'avènement d'une médecine totalement personnalisée.

En analysant les données génomiques, biologiques et cliniques, elle permet en effet de proposer aux patients des traitements adaptés à leurs caractéristiques individuelles. Lequel sera le plus efficace ? Quel dosage prescrire ? Quelle fréquence d'utilisation ? Ce sont des questions auxquelles répondent Tempus ou Watson for Oncology. L'IA permet aussi de détecter les interactions médicamenteuses potentiellement dangereuses. Il devient possible non seulement de rendre les traitements plus efficaces mais d'éviter ceux qui sont inutiles, de mieux doser, donc de faire des économies dans la consommation et l'utilisation de médicaments.

La surveillance des patients et le recueil des données permettent d'améliorer progressivement les traitements eux-mêmes et d'identifier de nouvelles thérapies possibles. C'est un usage qui explique bien le concept de *machine learning* qui sous-tend le fonctionnement de nos IA.

***

Autres avancées absolument fascinantes, celles qu'on observe dans la robotique chirurgicale. Le Da Vinci Surgical System, par exemple, a été développé par une société américaine fondée en 1995, à partir d'une technologie dérivée de recherches effectuées par l'armée américaine dans les années 1980 afin de permettre aux chirurgiens de traiter à distance des patients en zone de guerre. Sous la supervision d'un chirurgien humain, on utilise l'IA pour améliorer la précision des gestes lors d'opérations de chirurgie cardiaque, urologique, ou de la colonne vertébrale. Le chirurgien contrôle à distance les bras robotisés qui opèrent le patient à partir d'une console et d'un ordinateur doté de caméras. On peut désormais imaginer qu'un chirurgien expert parisien ou new-yorkais opère un patient d'un pays lointain où l'on manquerait de compétences chirurgicales. Les principaux obstacles au développement mondial de ces procédés sont réglementaires et non techniques. Permettra-t-on à un chirurgien français d'opérer en Afrique ou en Amérique du Sud ? Quelles lois territoriales s'appliquent ?

Vous l'aurez compris, les usages sont potentiellement infinis. Ils couvrent aussi des aspects très quotidiens de notre santé, avec des outils largement répandus comme les smartphones. Les dispositifs connectés à domicile permettent ainsi de surveiller la santé des patients à distance et d'alerter les médecins en cas de détection d'anomalies. Ils offrent aussi la possibilité de proposer des soins continus tout en gardant les patients chez eux.

Encore un usage, commun à de nombreux secteurs d'activité : l'optimisation des flux de travail. Exemple : surveiller l'évolution d'une pathologie dans la population permet de prévoir les pics de nécessité de soins hospitaliers, de prédire (et éviter) les surcharges dans les urgences hospitalières, d'optimiser les horaires de travail du personnel…

Les apports de l'IA pour la médecine et la santé (humaine mais aussi animale ou végétale d'ailleurs) sont immenses et incontestables. Le paradoxe vient peut-être de ce que les médecins généralistes, qui n'utilisent que très peu l'IA, seront les moins impactés par son arrivée. Leur valeur ajoutée vient de leur connaissance approfondie et personnalisée de leurs patients, impliquant une relation de confiance mutuelle, qui ne pourra pas être remplacée par l'IA.

***

En premier lieu, il arrive, souvent même, que l'IA échoue.

Ses performances, vous l'aurez compris, reposent sur la qualité et la quantité des données dont elle se nourrit. Mais qu'advient-il quand ces données sont biaisées ? On sait par exemple que différentes catégories de population réagissent différemment à un même traitement. Cela peut être une question d'âge, de sexe, d'origine ou encore d'exposition à un climat froid ou chaud… Si l'algorithme puise dans des données qui ne tiennent pas compte de ces différences, le diagnostic risque de se révéler incorrect pour certaines populations. De même, bien sûr, si l'algorithme est formé sur des données incomplètes ou s'il a été mal conçu. En fait, l'IA ne nous exonère pas de la nécessité de rigueur dans l'analyse ni dans l'apport de compétences « métier » dans la conception des algorithmes. L'une des difficultés est de disposer de compétences médicales (techniques et fonctionnelles) et de compétences en développement logiciel afin de concevoir des algorithmes efficaces et de pouvoir les comprendre.

Comprendre l'algorithme et comment il arrive à certaines conclusions est en effet très important en médecine car tout acte médical engage la responsabilité du médecin qui le prescrit (les erreurs peuvent entraîner des conséquences graves). Or il n'est pas toujours évident, en particulier dans le cas de systèmes IA fondés sur des réseaux de neurones, de comprendre leur processus de décision, d'autant qu'il évolue continuellement grâce à l'accumulation des analyses de données (notre fameux *machine learning*).

Autre enjeu crucial : l'usage de données sensibles. Nos systèmes de santé reposent sur des systèmes de financement garantis par des mutuelles ou des assurances. Ces dernières définissent les risques qu'elles couvrent (et les tarifs qu'elles pratiquent) à partir de calculs de probabilité fondés sur des données.

Mais quelles données ? Qu'advient-il d'une personne dont une caractéristique, par exemple génétique, prédit une maladie deux, ou cinq, voire dix ou vingt ans à l'avance ? Sera-t-elle toujours éligible à ces protections ou les assurances estimeront-elles qu'elle n'est pas assurable ? De quelles données est-il juste qu'un assureur dispose et de quelles données ne doit-il surtout pas disposer afin de ne pas exclure certaines catégories de personnes de l'accès aux assurances ? Il est par exemple couramment admis, aujourd'hui, que le fait de fumer accroît considérablement la probabilité de développer toute une série de maladies. Personne ne conteste la surprime que les assureurs imposent dans ce cas, par exemple pour l'obtention d'un prêt immobilier. Cette acceptation est sans doute liée au fait que fumer est perçu comme un acte volontaire (la personne n'a qu'à arrêter). Considérera-t-on un jour que les risques génétiques justifient les mêmes pénalités financières ? On peut aussi craindre que disposer de telles données permette de proposer des offres commerciales ou de faire pression sur quelqu'un sur la base des connaissances que l'on a sur lui ou elle…

Autre risque à prendre en considération, celui de la perte de compétences humaines. Si un professionnel de santé s'appuie intégralement sur les systèmes d'IA pour sa prise de décision, que deviennent le raisonnement clinique et l'intuition, développés avec l'expérience ? L'IA est souvent présentée comme une occasion d'acquérir de nouvelles compétences et approches cliniques pour les médecins. Mais cela n'est vrai qu'à condition que les soignants y soient préparés au cours de leur formation ; or, comment s'assurer que cette éducation soit diffusée correctement dans la population médicale ?

Même les avancées de la robotique chirurgicale ne sont pas sans danger. Elles peuvent certes faire espérer un accès aux soins pour tous, où qu'ils se trouvent. Mais la réalité actuelle est plutôt que le clivage augmente entre celles et ceux qui ont accès aux meilleurs soins et celles et ceux qui ne l'ont pas. Rien n'annonce une évolution favorable à court terme : nous vivons un moment de recrudescence des nationalismes et de multiplication des lois qui empêchent des professionnels d'un pays de collaborer avec ceux d'un autre.

***

Comme tous les secteurs concernés par le déploiement des IA, celui de la santé met en évidence l'importance d'une régulation globale cohérente afin de mettre en place des protocoles de sécurité, une formation pour les professionnels, d'éviter les biais dans les algorithmes et enfin de permettre l'accès aux soins pour ceux qui en ont besoin tout en gardant des systèmes de santé et d'assurance efficaces et fonctionnels. Le domaine de la santé est d'ailleurs un de ceux où la régulation est particulièrement présente et l'IA vient en aide à des opérateurs du secteur afin qu'ils respectent les réglementations : analyse de la documentation technique, des normes de conformité, ou des audits réglementaires…

En prévision d'un audit, l'IA peut ainsi analyser des milliers de dossiers médicaux pour vérifier qu'ils sont à jour et répondent aux exigences réglementaires, permettant d'identifier ceux qu'il faut compléter ou encore les procédures de remboursement à prévoir. On peut aussi recourir à l'IA pour surveiller l'accès à des bases de données et alerter en cas d'entrées non autorisées. Les entreprises de dispositifs médicaux utilisent de plus en plus fréquemment l'IA pour analyser les données de tests cliniques afin de démontrer l'efficacité de leurs produits aux régulateurs. L'IA générative permet enfin d'automatiser la création de rapports réglementaires, de raccourcir les temps de test et de validation. Le défi principal pour les régulateurs semble désormais être la vérification que l'IA elle-même présente des critères de rigueur et de transparence conformes aux normes en vigueur.

Nous y reviendrons longuement en fin d'ouvrage, mais posons d'ores et déjà ce mantra : seule une régulation globale cohérente permettra à l'humanité de bénéficier de l'extraordinaire potentiel de l'IA pour améliorer nos vies et nos sociétés. Sans cela, son impact pourra se révéler terrifiant à bien des égards.

***

Nous avons illustré l'impact de l'IA sur la santé. Mais les grandes tendances qu'il révèle sont communes à l'ensemble des secteurs. On peut en identifier six :

- automatisation des tâches répétitives et manuelles,
- analyse de données et prise de décision fondée sur cette analyse,
- amélioration des relations avec les clients et les fournisseurs,
- personnalisation,
- prédiction de trafic, d'usage de produits et maintenance prédictive,
- renforcement de la cybersécurité.

Elles s'illustrent dans tous les domaines.

Dans la finance, les systèmes d'IA gèrent les transactions boursières automatisées tout comme les processus de conformité aux réglementations. Cette gestion des transactions se fonde sur l'utilisation d'algorithmes pour réaliser des opérations d'achat ou de vente de devises, d'actions, d'obligations et de tout autre actif financier. Ces logiciels, construits sur des modèles mathématiques, prennent des décisions, en temps réel, en analysant des données de marché telles que les prix ou les volumes de transaction. Cela peut aller jusqu'à l'arbitrage, par l'identification des différences de prix sur plusieurs marchés pour un même actif et la réalisation de profits en achetant et vendant là où c'est avantageux. Autre technique, le HFT (High Frequency Trading) : en jouant sur le temps et en réalisant des milliers de transactions par seconde, les traders utilisent l'IA pour multiplier les petits profits en misant sur la quantité au nom du dicton bien connu : les petits ruisseaux font les grandes rivières.

***

L'IA a profondément modifié le monde des transactions boursières. Pour le meilleur : la liquidité des marchés augmente et il devient plus facile de vendre et acheter des titres à tout moment ; le coût des transactions lui-même baisse et les ordres d'achat ou de vente sont mis en œuvre plus rapidement. Mais aussi pour le pire : la volatilité des prix peut devenir brutale quand les algorithmes interviennent massivement et simultanément. Ces logiciels font aussi peser des risques de manipulation par des opérateurs qui tenteraient d'influencer les cours des actifs (ce qu'on appelle le *spoofing*). Ils accroissent enfin les disparités entre investisseurs qui ont assez de surface financière pour avoir accès aux techniques d'IA et ceux qui ne le peuvent pas.

Les risques sont connus et documentés de longue date.

6 mai 2010, 14 h 32. Le marché boursier de New York chute de manière spectaculaire. Le Dow Jones Industrial Average perd 1 000 points, soit 10 %, en quelques minutes. De nombreuses grandes actions comme

Procter & Gamble chutent de près de 35 % tandis que certains titres plongent jusqu'à tutoyer une valeur nulle – zéro dollar ! 15 h 08, soit 36 minutes plus tard : les marchés sont redressés ; la situation est revenue à la normale. Que s'est-il donc passé ?

À 14 h 32, un fonds d'investissement mutualisé a passé un ordre de vente de 75 000 contrats E-Mini Standard & Poor's Futures pour une valeur de 4,1 milliards, ce qui a déclenché la réaction des algorithmes de *high-frequency trading* de grandes institutions, entraînant le marché dans un vortex infernal. Cet incident a été baptisé le Flash Crash. Il a conduit les régulateurs américains (SEC et CFTC) à mener une enquête qui a permis de comprendre les interactions entre les algorithmes et la liquidité des marchés et donc leur influence sur les cours. En réponse, les régulateurs ont mis en place des freins conçus pour interrompre les échanges lorsque des fluctuations extrêmes sont observées, afin de donner aux investisseurs le temps de réagir rationnellement.

***

De la même façon que pour la santé, l'IA est utilisée pour collecter, traiter et analyser d'énormes quantités de données afin d'en extraire des tendances, de prédire des comportements et d'améliorer la prise de décision.

La capacité, par exemple, d'Amazon, Apple, Facebook ou Google à analyser des données sur leurs clients afin de prédire des tendances d'achat ou d'optimiser les stocks constitue un élément fondamental de leur modèle économique. Nous détaillerons ces mécanismes plus loin. Retenons pour l'heure qu'ils sont omniprésents dans nos vies, ne serait-ce que lorsque vous vous connectez à Spotify pour écouter de la musique ou à Netflix pour regarder une série. Ces plateformes proposent des interfaces personnalisées pour chaque usager afin de lui offrir une expérience sur mesure, plus susceptible de générer de la fidélité et de nouveaux achats.

Vous dialoguez aussi fréquemment avec des IA, dès lors que vous utilisez les *chatbots* (robots conversationnels), ces logiciels conçus pour simuler une conversation humaine écrite (par l'interface de votre messagerie) ou orale (avec les assistants virtuels). Ils sont couramment mis en œuvre par les services clients des opérateurs de commerce de détail ou de télécoms, les applications mobiles, les assistants personnels… L'IA permet d'analyser chaque interaction et d'améliorer le *chatbot* en continu en adoptant progressivement un langage plus naturel et en répondant de manière plus ciblée et flexible aux demandes des clients.

Autre terrain de jeu privilégié de l'IA : la prédiction. Dans l'industrie de l'automobile, elle surveille les véhicules pour anticiper les pannes ou déclencher des maintenances dites prédictives. Dans le secteur de l'énergie, l'IA est utilisée pour quantifier la consommation et adapter la production, anticiper la défaillance de machines et intervenir en amont. Cela permet aux clients de consommer l'énergie au bon moment et au meilleur prix, et aux fournisseurs d'adapter la production d'énergie aux usages et de diminuer les coûts de maintenance des équipements industriels.

L'IA joue encore un rôle central dans le développement de produits et de services, donnant aux entreprises la possibilité de raccourcir leur cycle de conception et de test, pour le renforcement de la cybersécurité (les algorithmes d'apprentissage automatique peuvent analyser des modèles d'attaque et détecter des menaces potentielles plus rapidement que des systèmes traditionnels).

Mais là aussi, la médaille a son revers.

***

Les cybercriminels ont vite compris les bénéfices qu'ils pouvaient tirer d'un usage malveillant de l'IA. Elle est notamment employée pour améliorer les techniques de hameçonnage en personnalisant des courriels ou en utilisant vos messageries. Grâce à l'analyse des comportements ou à l'imitation de la voix ou de l'écriture, l'IA peut générer des messages qui vous semblent authentiques et vous soutirer de l'argent. Cette forme d'attaque est difficile à contrer pour les entreprises : la seule façon de répondre à la sophistication croissante des piratages consiste à investir fortement dans la formation de leurs salariés.

Protéger les jeunes et les personnes âgées de ces messages demande également de plus en plus d'attention et d'efforts. Des logiciels malveillants (les *malwares*) sont maintenant dotés d'IA pour s'adapter aux environnements de sécurité et ajuster leur comportement afin d'en contourner les mesures courantes. Les attaques évoluent vers des techniques dites de « cheval de Troie » : un logiciel malveillant est installé dans les ordinateurs de la cible pour l'espionner ou, déclenché à retardement, pour y faire des dégâts (une deuxième attaque se combine avec le cheval de Troie déjà installé et finalise l'action). D'autres attaques, dites de « force brute », utilisent la puissance de calcul et la rapidité de l'IA pour trouver des mots de passe ou pour ralentir un système d'information en multipliant les requêtes simultanées.

La protection et la sécurité informatique sont devenues de véritables métiers et services nécessaires pour toute entreprise et personne privée.

***

Comment en sommes-nous arrivés là ? Comment les machines sont-elles parvenues à faire mieux que l'homme dans de nombreuses tâches ponctuelles, ainsi que nous l'avons vu ? À quel moment l'ordinateur sera-t-il capable de dépasser nos capacités d'intelligence générale et d'agir « comme un humain » ? Quels risques cela comporte-t-il ? Pour répondre à ces questions vertigineuses, nous allons retracer le chemin qu'a dû faire l'IA.

Nous partageons la conviction que la technologie doit rester un outil, un moyen de résoudre un problème, jamais un objectif en soi. Si la technologie devient un objectif en soi, elle risque de se développer sans considération pour les conséquences humaines, sociales ou environnementales. Nous reverrons ensemble ces risques ; mais pour commencer, créons-nous un référentiel commun avec un peu d'histoire et répondons à la question : comment la technologie nous a amenés devant ce dilemme ?

Nous nous souvenons tous, en effet, des prédictions de George Orwell dans *1984* – cette société totalitaire dont le gouvernement utilise la technologie pour surveiller, contrôler et manipuler les citoyens ; la technologie qui finit par façonner l'homme, et non plus l'homme qui façonne la technologie…

Pour comprendre la réalité de ce risque et ses conséquences potentielles, retraçons les évolutions historiques qui nous ont amenés à ce vertige.

Première partie

D'ARPANET À L'IA, RECETTE DU MILLEFEUILLE INTERNET

« Internet est la première chose que l'homme a créée sans la comprendre, c'est la plus grande expérience en matière d'anarchie jamais réalisée. »

Eric SCHMIDT, P-DG
et « Adult Resident[1] » chez Google.

Connaissez-vous i-mode et JumpStation ? Probablement pas, à moins d'être un *geek* âgé de plus de 40 ans. Vous connaissez en revanche l'iPhone et Google. I-mode et JumpStation proposaient pourtant des services de même nature, et ce, bien avant.

I-mode fut le premier service d'accès à l'internet mobile. Né en 1999, il a été conçu par l'entreprise japonaise NTT Docomo. Il permettait d'accéder à une partie d'internet avec son téléphone portable. Un an et demi après son lancement, i-mode comptait déjà 16 millions d'utilisateurs dans le monde – Bouygues avait d'ailleurs signé avec NTT

1. Inquiets de confier leur argent à deux jeunes gens sans expérience (les deux fondateurs de Google), les fonds d'investissement ont recruté Eric Schmidt en lui demandant de jouer un rôle de tuteur, « d'adulte dans la pièce ».

un accord de licence pour importer i-mode en France. Ses concepteurs voyaient grand : « Nous cherchons à créer un opérateur mobile de règlement, ou un porte-monnaie mobile pour le commerce électronique[2] », expliquait alors Keiji Tachikawa, le président de NTT Docomo. La vision allait se réaliser. Mais elle le fut par Apple et son iPhone.

I-mode était en avance sur son temps. Trop. Les réseaux 2G étaient lents et utiliser l'interface requérait des compétences, ou du moins une aptitude à l'usage des outils informatiques, peu communes à l'époque. Le succès de l'iPhone, créé huit ans plus tard, reposa sur quelques facteurs fondamentaux : simplicité d'utilisation, impression que « cela fonctionne » (temps d'attente et taux d'erreur, somme toute, acceptables), plaisir de l'objet.

L'histoire de Google n'est pas très différente. Dès les années 1990, les usagers d'internet savaient l'utiliser avec Netscape ou Internet Explorer comme navigateurs. Vinrent les premiers répertoires de sites. D'abord de simples listes, souvent tenues à la main, ils deviennent de plus en plus complets. JumpStation puis Yahoo, apparus respectivement en 1993 et en 1994, n'étaient pas à l'époque des moteurs de recherche, mais ressemblaient plus à des annuaires en ligne. Les véritables moteurs de recherche arrivent juste après : Lycos en 1994 et AltaVista en 1995.

Le « surf » sur internet était né et on se sentait « cool » à passer des heures à sauter de site en site à la recherche d'informations, ou simplement pour se divertir. On y

2. B. Pedroletti, « L'"i-mode" parie à terme sur le paiement en ligne », *Le Monde*, 12 déc. 2000, https://www.lemonde.fr/archives/article/2000/12/12/l-i-mode-parie-a-terme-sur-le-paiement-en-ligne_3716893_1819218.html.

passait un temps considérable, avec des modems qui utilisaient la ligne téléphonique, malgré une lenteur que nous ne supporterions aujourd'hui que d'un portable en zone à faible connexion. Et au prix d'épiques disputes domestiques car la connexion internet bloquait la ligne téléphonique familiale (les parents ne pouvaient plus travailler, ni les jeunes discuter avec leurs amis).

Surfer était en fait tout sauf cool et n'avait rien à voir avec des vacances en bord de mer. Attendre dix secondes pour qu'une page web s'affiche était habituel. Se tromper d'adresse et recevoir un message d'erreur était ce qui arrivait la majorité du temps. Bref, l'expérience était frustrante. Mais nous imaginions un futur où l'information pertinente apparaîtrait immédiatement sur nos écrans. Nous « souffrions » mais nous nous sentions un peu comme les pionniers de la conquête de l'Ouest (tout en restant dans notre salon devant un ordinateur).

Google est né de cette frustration. Ses fondateurs ont formulé trois hypothèses. D'abord, qu'il serait possible de stocker l'ensemble du web dans plusieurs centres de gestion de données à travers le monde et de les mettre à jour continuellement afin de les présenter à la demande, ceci de manière rentable, le coût marginal de gestion de l'information diminuant de manière constante avec la quantité d'information gérée.

Ensuite, réaliser l'indexation en analysant les liens entre les sites (donc en « apprenant » des utilisateurs) et non plus, comme pour les annuaires, « à la main ». Pour Google, l'analyse des recherches sur le web et l'indexation des pages en fonction de leur popularité seraient plus efficaces que l'indexation par des êtres humains que pratiquait Yahoo. Il s'agissait d'un pari sur la puissance de l'algorithme, sur la capacité de la machine à apprendre, en somme ce que l'on nomme à ce jour intelligence artificielle.

Troisième mantra : la complexité est notre problème, pas celui du client. La page d'accueil de Google se présente ainsi comme une page blanche avec le fameux « rectangle où saisir sa requête ». Elle a maintenant plus de vingt-cinq ans, un quart de siècle ; la durée représentative type d'une génération humaine.

À un problème, Google avait inventé une solution. À ce propos, il ne faut pas se méprendre sur la mission de l'entreprise telle que la formulèrent, dès l'origine, ses fondateurs : « Organiser les informations à l'échelle mondiale dans le but de les rendre accessibles et utiles à tous. » Cette promesse messianique – placer l'information mondiale entre les mains d'une seule société qui aurait donc la possibilité d'influencer la vision du monde de tous ses clients – n'était pas vécue, au sein de l'entreprise, comme pouvant être problématique. Le seul objectif était d'aider et d'apporter des solutions.

Nous reviendrons plus loin sur la somme de malentendus qui, depuis, lestent la compréhension de la philosophie sous-jacente des Gafam (acronyme désignant les géants occidentaux du numérique que sont Google, Apple, Facebook, Amazon et Microsoft).

Retenons pour l'heure que l'histoire d'internet fut moins déterminée par des ruptures que par la maturation progressive de technologies permettant de gérer des informations, de les transmettre à des ordinateurs ou à des personnes. Et que le moment où une technologie est proposée au marché compte moins que le moment où la société est prête à en faire usage. Cette notion « d'instant » joue un rôle essentiel dans le succès des entreprises de technologie. Avoir raison trop tôt n'est qu'une autre façon d'avoir tort et conduit au même résultat : l'échec.

La réussite, elle, est une combinaison de qualité d'exécution et de qualité d'expérience pour l'utilisateur. Nous ne contestons pas que les idées – la « créativité » – jouent un rôle. Elles donnent des objectifs, forment des impulsions. Mais le nerf de la guerre réside dans l'exécution qui, dans le domaine du numérique, requiert de maîtriser plusieurs technologies et, souvent, d'agir à une échelle globale tout en donnant une qualité d'expérience de premier plan aux clients. C'est cette maîtrise qui a fait de Google, Apple ou Microsoft les entreprises les mieux valorisées du XXIe siècle, à ce jour.

***

La citation d'Eric Schmidt qui ouvre ce chapitre résume bien l'état d'esprit de Google à ses débuts. Selon le P-DG puis président exécutif de Google de 2001 à 2018, « l'internet est la première chose que l'homme a créée sans la comprendre, c'est la plus grande expérience en matière d'anarchie jamais réalisée ». Au premier degré, cette phrase donne le tournis. Un peu comme si on avait passé un pacte démoniaque avec l'apprenti sorcier de Goethe, celui de Paul Dukas ou de Walt Disney. Nous ne savons pas où nous allons mais nous savons comment y aller, donc allons-y et nous verrons bien.

En la lisant de façon critique, et sans doute grâce à la relation personnelle qu'entretient Carlo avec Eric, nous comprenons cette phrase de manière très différente. Ce qu'elle exprime, c'est que le « comment » est essentiel et même prioritaire, et que le « comment » aide à définir le « quoi » et le « pourquoi ».

Vous voulez créer un produit ? Le développer en fonction des besoins de ses usagers paraît sage – voici le « quoi ». Vous pouvez résoudre un problème important pour un groupe d'individus ? Vous avez un business – voici le « pourquoi ». Mais si vous ne savez pas comment le faire de manière efficace et rentable, alors le « quoi » et le « pourquoi » ne vous servent à rien. Car dans l'univers internet, la technologie sera toujours primordiale – et voilà notre « comment ». Le produit et le business model (c'est-à-dire le « quoi » et le « pourquoi ») n'adviennent que si la technologie fonctionne. Pour le dire autrement : ne tentez pas de prédire le futur, mais pariez sur ce qui en fera forcément partie et entreprenez sur cette base, en affinant progressivement.

Nous sommes conscients que cette explication peut ne pas suffire à vous rassurer. Elle ne gomme pas totalement l'impression que « l'apprenti sorcier » pourrait ouvrir, sans même le vouloir, la boîte de Pandore et « libérer » dans la société toutes sortes de malédictions physiques et émotionnelles. Pour mémoire, la boîte de Pandore, que Zeus interdit à celle-ci d'ouvrir, contenait tous les maux de l'humanité, notamment la Vieillesse, la Maladie, la Guerre, la Famine, la Misère, la Folie, le Vice, la Tromperie, la Passion, l'Orgueil ainsi que l'Espérance.

Cette peur, mythique et ancestrale, nous terrifie et nous bloque. Elle fait partie de l'histoire d'internet et la manière de l'affronter a contribué au clivage entre les « initiés » (la Silicon Valley californienne, la « nation start-up » israélienne…) et les « gardiens des valeurs » (les secteurs bouleversés par l'arrivée du numérique, les autorités et les États européens).

Google en a fait une force, entretenant une forme de « paranoïa constructive ». Cette dernière ne renvoie pas à la peur du lendemain – celle qui bloque ou ralentit – mais à une obsession constructive pour les problèmes du client et l'optimisation constante du service qui leur est offert. L'évolution de l'algorithme est permanente. Plus de 150 modifications par mois sont effectuées, en moyenne, sur le moteur de recherche. Une équipe d'ingénieurs « optimisateurs » analyse constamment les réactions des usagers à d'infimes changements de la page des résultats de recherche pour l'améliorer (positionnement ou couleur d'un bouton, police de caractères, etc.).

***

La naissance de Google Images est un autre exemple du procédé progressif d'expérimentation continue, en partant de l'écoute du marché, qui a fait la force de Google.

On a ainsi longtemps raconté que la naissance de Google Images était due à la plastique de Jennifer Lopez – du moins à l'intérêt qu'elle suscitait. Le 23 février 2000, lors de la cérémonie des Grammy Awards au Staples Center de Los Angeles, l'actrice arrive sur le tapis rouge avec une robe verte de Versace qui fait sensation. Google est alors littéralement submergé de demandes d'internautes qui veulent voir J. Lo et sa robe verte. Il s'agit même du plus important nombre de recherches sur une même requête depuis la naissance du moteur de recherche deux années auparavant.

Google n'avait alors aucun moyen de répondre directement : il n'était possible que de renvoyer vers des sites qui, eux, disposaient de la photo de la robe (décolletée jusqu'au nombril) de la chanteuse. Il fallait trouver une solution : un endroit où stocker les images avec accès direct à partir du moteur de recherche, et ensuite un moteur de recherche de vidéos intégré, avec un onglet à Google Search. Ce fut Google Images.

Cette capacité à se remettre en question, voire à se cannibaliser soi-même, fut précieuse lors de l'arrivée du mobile, à la fin de la première décennie de ce siècle. Le risque était majeur. Un écran de téléphone affiche moins de résultats par page qu'un ordinateur. Or, les recettes de Google proviennent de la vente de liens (les fameux « liens sponsorisés » que vous voyez en tête de liste lorsque vous affichez une recherche). Le business model de la firme devenait potentiellement moins rentable.

Trois décisions furent prises, dès lors qu'il fut clair que le mobile deviendrait le premier outil pour se connecter à internet. Développer le système d'exploitation Android et l'offrir gratuitement aux producteurs de téléphones afin qu'il devienne un standard et soutienne le moteur de recherche et l'ensemble des services de l'écosystème Google. Créer un outil qui favorise le suivi des activités sur internet, permettant de nouvelles formes de génération de revenus et sécurisant la position du *search* (l'expérience de recherche) sur mobile et sur ordinateur (le navigateur Chrome). Préparer le *search* à fonctionner de manière optimale sur mobile.

***

Cette « culture Google » n'est pas sans défauts. Exclusivement centrée sur sa vision des usagers et son modèle, n'ayant longtemps pas eu le besoin de craindre une concurrence, la firme californienne est parfois incapable de concevoir que d'autres visions du monde et de la répartition de la valeur générée puissent coexister avec la sienne ; en découle une vraie difficulté à adopter une approche partenariale avec d'autres entreprises. Ce fut le cas, notamment, sur la question des droits voisins, ainsi nommés par commodité de langage – on devrait en fait parler de droits voisins du droit d'auteur. Ils couvrent la rémunération des auteurs lorsque leur œuvre est utilisée par un tiers.

Exemple bien connu, la musique. Lorsqu'un artiste enregistre un album, il perçoit des droits d'auteur liés à la vente directe de son album. Ce droit d'auteur vaut aussi pour les écrivains, les auteurs de jeux vidéo, les créateurs de bases de données, etc. Quand cette musique est diffusée à la radio ou en club, il perçoit des droits voisins du droit d'auteur. Pendant des années, les éditeurs de presse ont demandé aux moteurs de recherche, au premier rang desquels Google, de les rémunérer pour l'usage qu'ils faisaient d'œuvres originales encore protégées par le droit d'auteur. Sans succès. Il a fallu une directive européenne (transposée dans le droit français) pour faire plier l'entreprise de Mountain View, qui a été condamnée à de lourdes amendes à plusieurs reprises. Comme si, habitée par sa seule vision, elle était incapable d'ouvrir les yeux sur les réalités, contraintes et problématiques d'autres acteurs.

Mais dans la Silicon Valley, la peur est vue comme une opportunité, ou comme une épreuve à dépasser pour atteindre un objectif. Est-ce un hasard ? Bien des ingénieurs qui œuvrent en Californie sont de grands connaisseurs de la mythologie classique ou moderne – les références à Tolkien, au *Game of Thrones* de George R. R. Martin ou encore à *La Guerre des étoiles* et à *Star Trek* font partie des classiques de la culture de la Vallée.

Des livres comme *Snow Crash*[3] de Neal Stephenson (paru en France sous le titre *Le Samouraï virtuel*) les poussent à penser que si l'on peut imaginer quelque chose, alors on peut le réaliser.

***

Elon Musk incarne lui aussi cette mentalité. Après s'être enrichi en créant les premières « pages jaunes » en ligne aux États-Unis, puis le système de paiement PayPal, il décide de s'attaquer à la voiture électrique et à la conquête spatiale. Mais son premier investissement majeur va aux batteries au lithium. Au fond, c'est logique : sans batterie électrique, pas de voiture électrique. Mais c'est surtout une manière de ne pas mettre tous les œufs dans le même panier. Si la voiture électrique Tesla avait été un échec, alors l'usine de batteries aurait pu alimenter le stockage d'énergie solaire dans les maisons, ou trouver d'autres débouchés.

Faut-il souligner à quel point la mentalité européenne est différente ? Face à l'inconnu que charrient les innovations technologiques, la peur conduit généralement chez nous à toujours plus de régulation. Nous parlerons en détail de ce point plus tard mais indiquons dès maintenant que nos législations ont souvent un train de retard. Elles freinent le développement européen sans vraiment entraver les initiatives des sociétés américaines. Quant aux pénalités financières infligées aux géants du numérique, elles ne règlent rien car elles ne frappent que faiblement les Gafam – compte tenu de leur surface financière – et leurs longues

3. N. Stephenson, *Snow Crash*, Bantam Books, 1992 ; trad. française : *Le Samouraï virtuel*, Robert Laffont, 1996.

procédures ne permettent, de toute façon, pas aux sociétés européennes de rattraper leur retard technologique.

En Europe, à chaque émergence d'un nouveau modèle économique ou d'une nouvelle technologie, la peur prévaut. Nous semblons refuser de regarder le verre à moitié plein pour le voir systématiquement à moitié vide – ou pis, en train de se vider.

Nous ne contestons pas les raisons d'avoir peur. Les questions posées par notre temps sont vertigineuses. L'humanité disparaîtra-t-elle à la suite d'une catastrophe écologique ? L'intelligence artificielle fera-t-elle de nous les esclaves de nos robots dans quelques décennies ? Mais la peur doit servir de stimulus pour avancer, pas d'incitation au blocage. Il nous faut impérativement éviter qu'un manque d'anticipation ne rende autoréalisatrices les prophéties les plus néfastes.

Comment faire ?

D'abord, analyser l'histoire d'internet. Identifier, pour chaque époque, les conditions qui ont rendu possibles les sauts technologiques ou les changements de comportement des acteurs. Comprendre les articulations entre les différentes phases que nous avons vécues.

Nous distinguerons sept strates :

- la création des infrastructures de connectivité,
- l'émergence de l'e-commerce (ou la connectivité figée),
- la mobilité (ou la connectivité constante),
- le cloud (ou la puissance pour tous),
- le métavers (réalité virtuelle et réalité augmentée ou comment « renforcer nos sens et nos capacités humaines »),
- la blockchain et ses avatars (bitcoin, NFT…),
- l'IA (l'intelligence artificielle).

Nous vous proposons de passer derrière le miroir afin de pouvoir ensuite revenir aux craintes et nous demander comment y réagir. Il faut nous libérer des émotions que la peur génère pour rester objectifs et intervenir à bon escient. Comme le dit un vieux proverbe danois : « La peur est souvent plus grande que le danger » – variante : « La peur n'évite pas le danger ».

Strate #1 :

L'INVISIBLE QUI FAÇONNE

(L'infrastructure du web)

> « Si tu veux aller vite, marche seul ; si tu veux aller loin, marchons ensemble. »
>
> Proverbe africain

« Vague mais prometteuse [...] Et maintenant ? » C'est l'appréciation que Mike Sendall griffonne sur un document de quelques pages signé Tim Berners-Lee[1], en mars 1989. Alors chef de service au Conseil européen pour la recherche nucléaire (CERN – rebaptisé depuis Organisation européenne pour la recherche nucléaire), à Genève, celui-ci, physicien et informaticien britannique, soucieux d'améliorer la gestion de l'information au sein de son organisation, a imaginé un système qui permet de relier de manière simple et intuitive différents documents stockés sur un serveur.

L'innovation principale ne réside pas dans la mise en relation entre des postes de travail situés à différents endroits – cette possibilité existe depuis 1969 et la création

1. Cette anecdote est racontée dans la nécrologie de Mike Sendall parue dans *Courrier CERN*, vol. 39, n° 7, sept. 1999, p. 42, https://cds.cern.ch/record/1740189/files/vol39-issue7-p042-f.pdf.

d'Arpanet, dont Tim Berners-Lee est un utilisateur. Elle tient à la simplicité d'usage induite par la création de « liens hypertextes ». Ils sont matérialisés, à l'écran, par un texte de couleur bleue souligné qui, en quelques années, deviendra un code mondial. L'autre innovation majeure est l'idée de développer une interface, là encore simple et intuitive, pour passer d'un document à un autre *via* ces liens : le navigateur (aujourd'hui : Chrome, Safari, Firefox, etc.).

Encouragé par Sendall et avec l'aide de l'ingénieur système belge Robert Cailliau, Tim Berners-Lee formalise sa proposition de gestion en novembre 1990. Le schéma qui représente son système, en première page du document, s'apparente à une toile d'araignée. Le *web* (toile) est né. Il est par nature mondial et est baptisé WWW pour World Wide Web (les trois lettres que vous trouvez, aujourd'hui encore, en tête de l'adresse de la plupart des sites internet que vous consultez).

Le CERN raconte la suite : « À la fin de l'année 1990, Tim Berners-Lee a mis en place le premier serveur web et le premier navigateur au CERN, démontrant ainsi les idées qui sous-tendent la proposition. Il a développé le code directement sur l'ordinateur NeXT qui hébergeait le premier serveur web et l'a conservé dans son bureau. Pour éviter qu'il ne soit accidentellement éteint, l'ordinateur portait une étiquette manuscrite à l'encre rouge : “Cette machine est un serveur. NE L'ÉTEIGNEZ PAS[2] !” »

Ce que nous appelons communément internet devrait donc être décrit comme une infrastructure faite de connectivité et d'ordinateurs. L'hypertexte est un peu la colle qui permet aux couches « infrastructure » et « réseau »

2. *Ibid.*

d'opérer en bonne entente. Pour filer notre métaphore, peu ragoûtante – pardon – : l'hypertexte est, en quelque sorte, la bave de l'araignée, l'infrastructure la toile elle-même, et les sites web et les données sont les araignées et autres habitants de la toile.

Lorsque nous utilisons ce système, nous ne sommes évidemment pas littéralement sur la toile. Nous l'observons et interagissons avec elle, d'où le nom de monde « virtuel ». Mais ce mot ne doit pas nous faire oublier que derrière internet, il y a des investissements en infrastructures, en ordinateurs, en logiciels, de très grande envergure et tout à fait tangibles. Les sensations que nous éprouvons et les décisions que nous prenons en utilisant le web sont tout aussi réelles.

L'influence du web sur la vie de tous les jours et sur notre économie s'est manifestée avec une grande rapidité, en quelques années. Notons néanmoins que le courriel date de 1965 et que les newsgroups, ou forums électroniques, sont nés en 1979. Pour arriver au web que nous connaissons, comme pour construire une maison, il a fallu intégrer diverses technologies et des composants hétérogènes.

***

Internet dérive de l'Arpanet, le premier réseau à « transfert de paquets » développé aux États-Unis par la Darpa (Defense Advanced Research Projects Agency – agence du département de la Défense des USA). Le projet est lancé en 1966, Arpanet voit le jour en 1969 et la première démonstration officielle date d'octobre 1972. Le « transfert de paquets » est une innovation majeure. Il consiste à décomposer l'information en plusieurs « paquets » de données, à les dupliquer et à les envoyer par des réseaux (ou routes) différents, plusieurs fois et en même temps. Imaginez les wagons d'un train qui seraient envoyés par des voies distinctes et ne se réagenceraient dans le bon ordre qu'une fois arrivés à destination.

La légende veut que le « transfert de paquets » ait été inventé pour pouvoir transmettre des informations de manière fiable même en cas d'attaque nucléaire massive sur un réseau durant la guerre froide : quand bien même un missile ennemi détruirait une partie du réseau, les paquets pourraient continuer à circuler sur les parties intactes. C'est aussi cette technique qui permet de connecter des ordinateurs de marques et natures différentes.

Le 30 avril 1993 détermine le vrai tournant grand public du web. Ce jour-là, le CERN place les programmes du web sous licence libre, c'est-à-dire qu'il permet à tout le monde d'utiliser gratuitement le navigateur, le serveur et une bibliothèque de codes. Dès lors, la croissance est exponentielle. Composé d'une cinquantaine de serveurs au début de l'année 1993, le web en compte 500 dès la fin de l'année. Le nombre de sites internet croît à l'avenant : de dix sites en 1992, on passe à 130 en milieu d'année 1993, puis à 2 738 en 1994. Le cap du million est franchi en 1997.

***

Le web est le premier pilier d'internet.

Le second est un protocole de transmission de données appelé TCP/IP (TCP pour Transmission Control Protocol et IP pour Internet Protocol), toujours utilisé de nos jours. Il permet de partager des données et des informations entre ordinateurs (ou désormais entre objets connectés).

Ce bref détour technique était indispensable pour comprendre ce qui donne une valeur économique à l'invention de Tim Berners-Lee. Elle a permis la naissance d'un langage et d'un protocole communs et de « standards » de transmission de données, de textes, d'images, de photos, de vidéos. C'est cela qui a conféré une valeur économique au web. Ces standards sont essentiels car ils facilitent le retour sur investissement pour les producteurs de logiciels, de matériel et d'applications : ce que l'on développe une fois sert dans tout l'écosystème.

La puissance et la valeur des standards sont très bien expliquées par la loi de Metcalfe, qui peut se résumer ainsi : une fois le standard établi, l'importance ou la valeur d'un réseau est une proportion du carré de ses usagers. Cela signifie que le nombre de liens potentiels augmente plus vite que le nombre de nœuds. Pour illustrer cette formule par une image : chaque usager supplémentaire ajoute une valeur plus que proportionnelle au réseau. Dit encore autrement : une machine fax seule ne vaut rien, deux commencent à valoir quelque chose, et dix mises en réseau valent beaucoup plus.

C'est cette loi qui a permis à la téléphonie mobile de se développer aussi rapidement. À l'origine, on ne pouvait appeler que des numéros appartenant au même opérateur, et les premiers usagers se souviennent encore de leurs contorsions pour « attraper du réseau » (le personnage d'Itinéris dans le film *Astérix et Obélix : Mission Cléopâtre* brocarde cette difficulté dans un gag que les moins de 50 ans ne comprennent pas forcément). Puis les interconnexions ont permis de générer plus de communications – d'autant plus qu'il y avait davantage de téléphones portables. Tous les opérateurs ont alors vu leur chiffre d'affaires croître beaucoup plus vite que s'ils étaient restés en îlots.

A contrario, si les promesses du métavers tardent à se réaliser, c'est parce que cette interconnexion n'existe pas encore – les internautes ne peuvent pas rentabiliser et porter leur identité et leurs investissements d'un univers à l'autre ; et côté entreprises, il est difficile de rentabiliser les investissements faute d'existence de standards. Nous y reviendrons.

Ce point est fondamental pour comprendre ce qui a façonné la manière nouvelle de penser des innovateurs sur internet, et que l'on peut résumer en deux axiomes. Les standards me permettent de travailler avec d'autres, voire de les faire travailler pour moi en utilisant le même standard. Le réseau est essentiel car il crée une valeur exponentielle au fur et à mesure de sa croissance.

***

Il y a, bien sûr, un risque : si un opérateur arrive à prendre, de fait, le contrôle d'un standard et/ou de son réseau de distribution, il pourra en retirer pour lui et pour lui seul une valeur disproportionnée, au détriment des autres opérateurs de la chaîne de valeur… L'histoire de l'informatique est ainsi jalonnée de tentatives de créer des systèmes fermés propriétaires pour y faire sa loi. C'est le cœur de la guerre que se sont livrée Microsoft et Apple dans les années 1980 ou de la stratégie de Google ou Facebook pour s'imposer comme plateformes. Mais il est malaisé de détecter à partir de quel seuil la création d'un système propriétaire donne lieu à une position dominante et à un éventuel abus permettant à une entreprise de s'arroger une part de valeur excessive ou excluant d'autres.

La création de systèmes propriétaires comme Android ou iOS a évidemment largement servi leurs maisons mères (Alphabet et Apple) en termes de croissance et de profits. Mais ces systèmes ont aussi permis de développer des pans entiers d'activités nouvelles qui, elles, ont profité à d'autres acteurs. Les exemples sont nombreux et formidablement hétérogènes. Ils concernent l'industrie du jeu vidéo en ligne, devenue en quelques années un marché de presque 200 milliards de dollars US en 2021, et qui devrait atteindre une valeur de 339,95 milliards d'ici à 2027. Mais aussi le producteur de baignoires alsacien ou le fromager du Jura qui, simplement en créant un site web et en utilisant les outils fournis par Google ou par des fournisseurs de services de logistique et de paiement, peuvent étendre leur marché au monde entier et survivre à l'arrivée chez eux de concurrents industriels plus efficients.

La question posée devient alors : la rémunération prélevée par Alphabet ou par Apple est-elle justifiée ? Le modèle économique des places de marché (*stores*) repose sur le versement d'une commission, généralement de 35 %. En échange, ces entreprises vérifient, placent et distribuent votre application sur leur *store*. Pour Alphabet comme pour Apple, ce pourcentage est justifié par un simple calcul économique : selon elles, distribuer soi-même un produit sur internet serait beaucoup plus coûteux.

Leurs détracteurs estiment au contraire que la dimension des places de marché de ces entreprises (App Store et Google Play) les rend incontournables et les positionne, de fait, en situation de domination abusive. Réponse desdites : c'est précisément en raison de leur taille que nos *stores* permettent, à un coût avantageux, de toucher des millions de clients potentiels. Certains jeux vidéo ont ainsi atteint les 50 millions d'usagers payants en quelques semaines, alors qu'ils avaient été conçus par des entreprises de petite taille ne disposant pratiquement pas de forces de vente.

Pour les entreprises de taille plus importante qui disposent de marques connues et reconnues, le pourcentage payé à Google et Apple peut sembler moins justifié mais, là encore, la taille des places de marché Google Play et Apple les rend irremplaçables. Quel est le juste équilibre entre la puissance des grands de l'internet et le développement des autres entreprises ? C'est la question que doivent affronter les régulateurs.

Strate #2 :

COMMERCES EN TOUT GENRE
(e-commerce, courriels et blogs)

« Placez votre main sur un poêle une minute et ça vous semble durer une heure. Asseyez-vous auprès d'une jolie fille une heure et ça vous semble durer une minute. C'est cela, la relativité. »

Albert EINSTEIN

Philadelphie, 11 août 1994, midi. Phil Brandenberger se connecte à un ordinateur situé à Nashua (New Hampshire). Il saisit son code secret, tape son numéro de carte de crédit, règle la somme 12,48 dollars (plus les frais d'expédition). Dans quelques jours, il recevra le CD *Ten Summoner's Tales* de Sting. Il vient d'acheter un objet en ligne. Il est le premier.

L'événement est suffisamment important pour que le *New York Times* lui consacre un article dans son édition du lendemain sous le titre « Attention Shoppers : Internet Is Open » (qu'on pourrait traduire par : « Avis aux clients : Internet est ouvert[1] »). Le journal poursuit : « Quelques ins-

1. P. H. Lewis, « Attention Shoppers : Internet Is Open », *The New York Times*, 12 août 1994, https://www.nytimes.

tants plus tard, les bouchons de champagne sautent dans une petite maison à deux étages de Nashua, dans le New Hampshire. Là, une équipe de jeunes entrepreneurs du cyberespace célébrait ce qui était apparemment la première transaction commerciale sur l'internet utilisant une version facilement accessible d'un puissant logiciel de cryptage des données conçu pour garantir la confidentialité. » Il souligne que « les experts considèrent depuis longtemps qu'une sécurité à toute épreuve est une première étape nécessaire avant que les transactions commerciales ne deviennent courantes sur l'internet ».

***

Comme toujours dans l'histoire d'internet, ce tournant ne vient pas de nulle part. Le commerce électronique (e-commerce) est en fait né avant, avec l'invention des transactions en ligne au Royaume-Uni, par Michael Aldrich, en 1979, puis les premières transactions électroniques par Minitel en France.

On pourrait aussi parler de e-commerce, en tout cas de « vente à distance assistée par l'électronique », en se souvenant des heures fastes du téléachat dans les années 1980. Il était particulièrement prisé en Italie, où la télévision privée locale avait besoin de moyens pour se développer et disposait de temps d'antenne libre dans les heures creuses de la matinée et de l'après-midi, entre les heures fortes du déjeuner et de la soirée. Carlo se souvient encore de l'énergie des bonimenteurs présentant toutes sortes de produits miraculeux, comme sur les marchés des places

com/1994/08/12/business/attention-shoppers-internet-is-open.html?searchResultPosition=1.

de village – grande tradition italienne magnifiée par le personnage de Dulcamara dans l'opéra *L'Élixir d'amour* de Donizetti. En France, l'e-commerce est né dans les années 1990 grâce au Minitel qui a fait les beaux jours de La Redoute et des 3 Suisses, sans oublier les fameux 3615 avec voyance et messageries roses.

Mais son véritable essor est indéniablement lié au développement du web dans les années 1990, et cet achat de 12,48 dollars représente la première pierre d'un édifice qui depuis ne cesse de croître.

***

Si l'on date la première strate de l'histoire d'internet – la construction de l'infrastructure précédemment décrite – de 1960 à 1997 (cap du premier million de sites web), on pourrait borner cette deuxième phase, celle de l'e-commerce, des courriels et des blogs, de 1997 à 2007 (naissance de l'iPhone et d'Android).

Rappelons avant tout les chiffres d'usage de l'époque. En 1996, environ 45 millions de personnes utilisent internet. En 1999, le nombre d'utilisateurs globaux monte à 150 millions, dont la moitié aux États-Unis. En 2000, 407 millions au niveau global, en 2004 déjà 700 millions.

Cette deuxième phase voit l'émergence de plusieurs phénomènes différents et la recomposition des acteurs de l'économie digitale. Google succède à Yahoo et à Microsoft (qui reviendra en force dans les années 2015 à 2020 avec le cloud et les services informatiques) ; dans le même temps, AOL grandit et décline. Amazon.com (aujourd'hui la plus grande plateforme d'e-commerce au monde) a fait ses débuts en 1995, et d'autres grandes entreprises d'e-commerce comme Alibaba, PayPal et eBay ont rapidement suivi.

À cette époque, qui apparaît maintenant si lointaine, on utilise le web sur un ordinateur fixe ou portable. Où que l'on soit, il faut se connecter physiquement au réseau. En 1997 apparaît le wifi, qui permet de développer la mobilité. Il joua un rôle déterminant pour rendre plus pratique et agréable l'usage d'internet (plus besoin de relier son ordinateur à une prise téléphonique). On commence à se servir d'internet dans toutes les pièces de son domicile ou dans les premiers « cafés internet ».

La fin des années 1990 marque une autre charnière. Jusque-là, le web proposait simplement un ensemble de sites statiques – chaque éditeur de site publiait ses propres informations, l'utilisateur demeurant passif dans sa lecture. Il devient participatif.

Le développement des messageries instantanées permet de créer les premiers vrais réseaux d'utilisateurs, avec notamment ICQ en 1996, et AOL Instant Messenger en 1997. Le premier réseau social apparaît également en 1997 : Sixdegrees.com (ainsi baptisé en référence à une théorie sociale qui suggère que toute personne sur la planète est connectée à n'importe quelle autre personne par une chaîne d'interactions sociales qui ne dépasse pas six étapes). Il offre la possibilité de créer des profils, des groupes et d'inviter des amis. Il n'a tenu que quatre ans, mais a tout de même réuni à son apogée 3,5 millions d'usagers.

C'est également l'époque de l'e-commerce. Des sites commencent à cannibaliser le marché lucratif des petites annonces, privant la presse écrite de précieuses ressources, en tout cas aux États-Unis (en France, la bascule fut plus tardive). La publicité en ligne explose et crée le véritable premier moteur de la croissance du web.

Ces années marquent donc le développement de l'e-commerce, de l'information en ligne et du courrier électronique, les trois usages les plus importants des débuts du web. En sus du porno, dont il faut rappeler qu'il constitue un marché considérable : en 2018, Pornhub a enregistré 33,5 milliards de visites ; chaque minute, 207 405 vidéos sont visionnées et chaque jour, Pornhub enregistre 103 millions de visites, soit presque l'équivalent des populations du Canada, de la Pologne et de l'Australie réunies.

Commençons par l'e-commerce.

***

Il faut attendre quatre ans après le clic pionnier de Phil Brandenberger pour que des entreprises françaises tentent d'utiliser un site web pour vendre. Le chantier était immense. Il fallait organiser une logistique fiable et efficiente pour livrer, trouver un moyen sécurisé de se faire payer, décrire ses produits de manière attractive et mettre à jour son offre régulièrement. Le contexte, quant à lui, n'était pas toujours porteur. Avant le haut débit, les entrepreneurs avaient encore des doutes sur la véritable ampleur du phénomène internet. Il était courant, dans les années 1990, de s'entendre dire qu'internet était une technologie de niche, que son usage était compliqué, que cela marchait « quand cela voulait ». Bref, tout cela semblait bien instable.

Les opérateurs de vente à distance, qui étaient pourtant mieux armés que quiconque pour préempter ce terrain de jeu naissant, rechignèrent. La peur – dont nous avons déjà souligné les effets – joua un rôle déterminant. Peur que leurs fournisseurs créent leur site web et vendent en direct à leurs clients. Peur des limites des systèmes d'information de l'époque pour prendre en charge la relation client. Peur que les sites web soient moins beaux et faciles à utiliser que les catalogues papier. Peur que l'organisation de la logistique et du paiement rapide ne soit pas à la hauteur (la vente en e-commerce a des exigences de temps différentes de la vente postale).

Une exception confirme la règle : Manutan. Créée en 1966 par André Guichard et son fils Jean-Pierre, Manutan était à l'époque une société de vente par correspondance pour les entreprises – une sorte de catalogue La Redoute professionnel. Dès 2001, Manutan lance ses premiers sites marchands. Les offres sont digitalisées, les processus de choix et d'achat simplifiés, les relations fournisseurs repensées afin d'étoffer le catalogue et d'assurer la meilleure qualité de service possible. Ce qui est remarquable, c'est que Jean-Pierre Guichard a compris ces enjeux bien avant qu'arrive la « disruption » (cet anglicisme qui tend à s'imposer en français est omniprésent quand on parle du numérique ; il évoque à la fois les notions de rupture, de perturbation et de bouleversement).

À la décharge des acteurs français de la vente à distance, les tests effectués pendant des années par la grande distribution pour remplacer les offres sur papier par des offres internet n'étaient guère encourageants. Les rendements étaient très inférieurs, montrant que les Français demeuraient encore attachés aux dépliants et autres prospectus. C'est uniquement avec les changements de comportement liés à la crise du Covid-19 et en raison des spectaculaires augmentations de prix du papier que la grande distribution a renoncé aux flyers et catalogues papier (certains en ont profité pour présenter ce choix purement économique comme résultant d'une préoccupation écologique sur le mode « nous renonçons au papier pour polluer moins »).

Mais aux États-Unis et dans une large mesure en France, la révolution était en marche depuis longtemps.

***

Quelques semaines avant notre clic fondateur de Phil Brandenberger, une nouvelle entreprise était née aux États-Unis : Amazon. En quelques années, elle allait conquérir le marché et bouleverser les modes de consommation. Les paris formulés à l'époque sur la viabilité d'Amazon et de l'e-commerce étaient pourtant négatifs en raison du coût de la logistique, des taux de retour, du choix et des habitudes des usagers. Pourquoi acheter de chez soi ce qu'on trouve dans un magasin ? Au mieux, on concédait que cela pourrait fonctionner pour les livres, les CD et les DVD car « il n'y a pas besoin de logistique ».

Lourde erreur.

Qu'avait compris Amazon que les autres n'avaient pas compris ? Que la qualité de service et le confort sont addictifs – il est gratifiant de recevoir chez soi toutes sortes de produits et on gagne du temps. Que l'exhaustivité du catalogue allait créer un « réflexe Amazon » – on vient et revient car on pense pouvoir tout trouver. Que l'argent ne se gagne pas forcément sur la marge effectuée sur la vente des produits mais sur les services rendus aux vendeurs. Qu'on peut perdre de l'argent sur certains envois si la richesse de l'offre incite le client à revenir encore et encore. Que la qualité de la relation avec le client est essentielle – rembourser vite en cas de retour, éviter tout désaccord avec le client afin de le fidéliser sur le long terme.

Amazon, en somme, a été à l'écoute du marché, a analysé ce que les opérateurs demandaient et utilisaient.

***

Amazon, du point de vue de la méthode, n'a rien inventé. L'entreprise s'est inspirée de ce qui fit la fortune des premiers millionnaires lors de la ruée vers l'or, au milieu du XIXe siècle. Selon la formule consacrée – et étudiée dans les écoles de commerce – : « On gagne plus d'argent en fournissant les pelles aux chercheurs qu'en cherchant l'or soi-même. » Les chercheurs d'or étaient en effet si nombreux en Californie qu'ils devinrent une source de richesse importante pour les commerçants qui s'implantèrent dans la région et qui n'étaient pas soumis aux aléas de la découverte d'un filon de métal précieux ou de pépites dans un cours d'eau (selon les historiens, moins de 5 % des prospecteurs tirèrent profit de leur quête). Sans parler des rugueuses exigences physiques du métier.

Samuel Brannan fut le premier à faire connaître la ruée vers l'or. Il en fut aussi le premier millionnaire. Il possédait plusieurs magasins et publia le premier journal de San Francisco – le *California Star*. Levi Strauss, lui, devint célèbre pour sa réussite dans le commerce des jeans, qui commença en 1853 par la vente de salopettes en denim à San Francisco. Suivirent, comme dans une réaction en chaîne, le chemin de fer transcontinental, l'immobilier, la finance…

Avec la ruée vers l'or, la Californie lança en fait le rêve américain. Cette idée d'un nouveau point de départ, un moment où tout bascule et devient possible pour les pionniers qui s'y rendent. Ce fut aussi la première vague d'immigration vraiment multiraciale aux États-Unis. Cette histoire explique que la Californie demeure à l'avant-garde sociale du pays et résolument ouverte au monde.

***

De cette culture reste un rapport singulier au futur. C'est une question qui fut souvent posée à Google lorsque Carlo y travaillait. Comment fait l'entreprise pour prévoir le futur ? Comment sait-elle ce qui va se passer ? Au risque de vous décevoir, la réponse est que Google ne sait pas plus que vous ce qui va advenir. L'entreprise n'essaie même pas de deviner. Elle consacre en revanche beaucoup de temps, d'énergie, de compétences et d'intelligence à écouter et observer ce qui se passe, à commencer par le nerf de la guerre : votre comportement (si vous êtes un utilisateur de Google, évidemment).

De 2009 à 2020, Carlo n'a jamais vu ni réalisé chez Google ces fameux « business plans à cinq ans » censés guider la stratégie des entreprises et rassurer les banquiers. Certains étaient bien rédigés pour la direction financière, mais la conduite des opérations était orientée vers des prévisions très analytiques de court terme ou des paris sur des technologies porteuses pour le plus long terme. L'entreprise a passé son temps, en revanche, à parier sur des « usages client ». Observait-on que le client moyen se connectant à internet doublait son temps d'usage tous les ans, et que dans le même temps le nombre de personnes se connectant augmentait régulièrement ? On suivait la vague, ouvrant des bureaux là où le taux de pénétration du web dépassait environ 40 % de la population et, bien sûr, là où le PIB et la population étaient les plus prometteurs. Aucune prévision magique. Juste une discipline rigoureuse pour analyser les chiffres qui comptent et décider logiquement en conséquence. Un comportement avant tout rationnel et pragmatique.

Bien sûr, la taille de l'entreprise l'a aidée. Les 3 à 5 milliards de clients quotidiens du *search* (les usagers du moteur de recherche font chacun 2 à 3 recherches par jour en moyenne et ils en font 8,5 milliards par jour, soit 99 par seconde) donnent la possibilité de lancer des nouveautés à grande échelle en temps réel (au passage, c'est bien ce qui pose problème à la régulation de la concurrence : elle est incapable de suivre ce rythme d'enfer). Cette adaptabilité fulgurante permet de tester une innovation en quelques minutes sur la base clients – il ne faut que le temps de la charger sur les serveurs pour la lancer.

Cet avantage concurrentiel majeur est le même pour Alibaba ou Tencent, qui exercent sur un énorme marché protégé – la Chine. Aujourd'hui elles font la même chose : analyser les comportements des usagers (pour cela elles rachètent toute entreprise qui leur permettrait de mieux servir leurs clients).

***

Le seul point qu'Amazon n'avait pas anticipé à l'époque était que cet échafaudage reposerait sur les capacités de stockage du cloud, mais l'entreprise fit mieux que se rattraper : ce service fait aujourd'hui sa fortune comme celles de Microsoft ou Google. Ces entreprises ont en effet su créer un « cercle vertueux » de développement : elles investissent pour couvrir leurs propres besoins, mettent à disposition de leurs clients leurs propres infrastructures et applicatifs, ce qui génère les revenus qui leur permettent de financer leur croissance.

Ce qu'Amazon et Google ont compris c'est que, en plus de l'effet réseau et de l'importance du protocole TCP/IP, déjà cités, la possibilité de partager la puissance de calcul et de stockage de l'information constitue un levier de croissance majeur. Encore une fois, elles n'avaient sûrement pas prévu que le cloud deviendrait une des technologies les plus rentables du marché des services et infrastructures d'informatique, mais elles se sont engouffrées dans la brèche dès qu'elle est apparue car elles ont su parier pour elles-mêmes sur les bonnes technologies.

Le cloud a changé le rôle de l'informatique en entreprise et pour les consommateurs. De quoi s'agit-il ? D'utiliser la mémoire et les capacités de calcul d'ordinateurs et de serveurs répartis dans le monde entier et reliés par un réseau. Les applications et les données ne se trouvent plus sur un ordinateur déterminé mais dans un nuage (*cloud*) composé de nombreux serveurs distants et connectés entre eux. Il faudrait d'ailleurs parler de clouds au pluriel car le cloud n'est par nature jamais isolé mais connecté à d'autres clouds, qui forment de véritables constellations opérant ensemble. Notons que baptiser d'un nom très poétique – nuage – ce qui n'est que le regroupement d'ordinateurs n'est pas sans ambiguïté. Cette image laisse à penser qu'il s'agit d'une formation céleste, quasi abstraite, et non consommatrice d'énergie. Alors que le cloud n'est ni plus ni moins qu'un très grand regroupement d'ordinateurs...

Sans le cloud, développé par des entreprises comme Cisco et VMware, le pari d'Amazon ou de Google sur la puissance de l'effet plateforme et sur l'informatique décentralisée aurait échoué.

***

Le principe est né au début de 1998 sous le soleil de Palo Alto (ville de naissance de Google) sous le nom VMware (Virtual Machine ware). Si vous n'êtes pas férus de technique, retenez simplement que cette technologie a permis une augmentation phénoménale de la puissance des ordinateurs et des réseaux. Elle se traduit dans votre quotidien par les capacités de stockage toujours croissantes de vos ordinateurs ou smartphones, par la rapidité d'accès à des contenus aussi voraces en puissance de calcul que des films ou des jeux vidéo en streaming, par la popularisation d'IA génératives toujours plus performantes, etc.

Explication technique : le cloud consiste à relier une ou plusieurs machines virtuelles au sein d'un même système d'exploitation (par exemple Windows ou Linux), celles-ci pouvant être reliées au réseau local avec une adresse IP différente, tout en étant sur la même machine physique. Il est possible de faire fonctionner plusieurs machines virtuelles en même temps, la limite correspondant aux performances de l'ordinateur hôte.

L'entreprise championne de cette technologie, Cisco, était, en mars 2000, à la veille de l'explosion de la bulle internet, la première capitalisation boursière du monde, avec plus de 500 milliards de dollars. Fondée en 1984, Cisco a grandi à une vitesse qui semblait inimaginable grâce à l'essor des besoins en routeurs et commutateurs pour construire le réseau internet. Sa première production découle d'une expérience réalisée à l'université Stanford au début des années 1980. Des étudiants et membres de l'université, dont Leonard Bosack, réussissent à connecter plusieurs ordinateurs entre eux, grâce au matériel disponible sur place. Le nouveau pari technologique que le cloud relève est celui du partage : la capacité de stockage se mutualise, comme celle de calcul et les données, telles les gouttes qui forment un nuage (*cloud*).

***

La fabuleuse croissance des capacités de stockage et de calcul n'a pas seulement des effets pour vous. Elle est le nerf de la guerre pour les entreprises du secteur, qui passent leur temps à analyser les données qui circulent sur les réseaux. Pleuvra-t-il à New York demain ? Google et les autres savent qu'il faudra prévoir plus de puissance de calcul ce jour-là car les gens sortiront moins de chez eux, utiliseront plus leur ordinateur et consommeront davantage. 100 000 nouvelles personnes ont acheté une connexion internet dans une ville comme Paris ? Leur usage de cette connexion représentera à moyen terme des demandes semblables à ce que Google aura vu à San Francisco ou New York quelques années auparavant.

L'expérience ne se perd jamais. C'est en analysant constamment le passé que le présent et le futur se révèlent aux entreprises du web. Aucune magie, aucune nouvelle invention, aucune « innovation ». Juste la recombinaison de l'information et une rigueur d'analyse constante.

Revenons maintenant à la citation d'Einstein qui ouvre ce chapitre : « Placez votre main sur un poêle une minute et ça vous semble durer une heure. Asseyez-vous auprès d'une jolie fille une heure et ça vous semble durer une minute. C'est cela, la relativité » (la citation fonctionne en remplaçant « jolie fille » par « joli garçon » ou « jolie personne »). Nous l'avons mise en exergue pour souligner un aspect essentiel de la mentalité des opérateurs internet : leur rapport à la relativité. Elle est ce qui permet de tester et améliorer progressivement. Mais surtout elle autorise l'échec, qui est d'abord vécu comme un apport en expérience et non comme un drame, ni une faute.

C'est enfin ce qui distingue la causalité de la corrélation. Un des mantras des ingénieurs informaticiens formés dans les universités américaines est d'ailleurs « *Correlation does not imply causation* » (« Corrélation n'est pas causalité ») – principe popularisé en France par Coluche dans sa célèbre saillie « Quand on est malade, il ne faut surtout pas aller à l'hôpital : la probabilité de mourir dans un lit d'hôpital est en effet dix fois plus importante que celle de mourir dans son lit à la maison. » Cette saillie drolatique explique bien ce qui se passe si on confond causalité et corrélation. Causalité : ne pas aller à l'hôpital car on lui attribue la cause des maladies. Corrélation : le lien entre mortalité et présence à l'hôpital de nombreux malades. Cette erreur est bien plus fréquente qu'on le pense et sera un des défis du *machine learning* à la base de l'IA.

La compréhension et la maîtrise de la relativité, de la causalité et de la corrélation ont été au cœur de la naissance et de la croissance du big data (expression qui désigne des ensembles de données si volumineux et variés qu'ils dépassent les capacités des systèmes traditionnels de gestion de bases de données) d'abord, de l'intelligence artificielle ou du *machine learning* (apprentissage par les machines) ensuite.

Il fallait en effet dompter des systèmes d'information d'une extrême complexité pour l'époque et articuler toute une série d'enjeux relevant aussi bien de la technique informatique (relier les ordinateurs personnels au réseau, et les réseaux entre eux) que du commerce (connecter ses systèmes de vente), du marketing (observer, analyser et comprendre les comportements des clients) et de la logistique (faire fonctionner, avec ses fournisseurs, de nouvelles « places de marché »). Puis, le développement du cloud a permis d'intégrer de plus en plus intimement les systèmes d'information.

***

Quelques mots, avant de clore ce chapitre, sur deux autres nouveautés qui marquent la même période, relatives au partage de contenus et au courrier électronique.

Le web des débuts ne permet que la mise en ligne de sites très peu interactifs et essentiellement composés de texte. La limite n'était pas la créativité des créateurs de contenus mais celle de la bande passante et de ses conséquences : accéder aux contenus prenait du temps, les formats multimédias (photo, vidéo…) n'avaient pas encore été standardisés, les systèmes de calcul et de stockage de l'information étaient hétérogènes.

La première image publiée sur le web le fut par Tim Berners-Lee. Il s'agissait d'une vignette présentant les Horribles Cernettes, un groupe musical pop parodique formé par des employées du CERN. Moins de dix ans plus tard, les magazines photo en ligne et les premières vidéos envahissent le réseau et des sites de jeux en ligne comme Space Jam ou Yahoo Games naissent, utilisant au mieux les possibilités qu'offre la technologie de l'époque. Le World Wide Web doit beaucoup au jeu (*gaming*). Nous en parlerons dans le chapitre consacré à l'arrivée du métavers. Mais notez déjà que le *gaming* a accompagné la révolution d'internet dès les années 1990, qu'il fut l'un des principaux si ce n'est le principal consommateur de bande passante auprès des fournisseurs d'accès. Ce sera un usage important pour les téléphones « intelligents » aussi bien sur Android que sur iOS (Apple).

Pour les pionniers, chaque nouveauté était la promesse d'un nouveau monde en ligne, toujours plus immersif. Les primo-usagers que nous étions n'étaient pas découragés par l'inutilité de telle animation, l'incohérence de tel graphisme, la lenteur de navigation entre les différentes pages des sites. Nous regardions vers le futur.

Ces années 1990 marquent aussi le développement de la messagerie et du courrier électronique. Mais pas question, à l'époque, de passer d'un simple clic de votre messagerie à une page web. Les deux univers sont alors étanches.

Ce qui n'empêche pas l'adoption très rapide du courrier électronique qui présente déjà, en tant que tel, une proposition de valeur très nette (plus d'encre, de stylo, de timbre ; réception et envoi immédiats ; abolition des distances...). Une proposition de nature à « résoudre un problème pour l'humanité ». La série humoristique *Silicon Valley*[2] se moquera bien plus tard de la propension du moindre start-upper en herbe à vouloir faire du monde « un meilleur endroit » (« *to make the world a better place* »). Mais il faut bien comprendre que cette façon de penser irrigue la Silicon Valley et la culture du monde internet dès l'origine.

Les fondateurs de Google, on l'a dit, voulaient « rendre l'information accessible et utile à tous ». Pour cela, ils sont dès le début obsédés par une question : comment

2. Visible en France sur Canal+ ou Orange.

digitaliser toutes les bibliothèques de la planète ? Leur approche n'était pas celle de marchands qui, à partir d'un business plan ordonnant une colonne de recettes à une colonne de dépenses, décident (ou pas) de lancer un produit. Ils partaient d'un problème à résoudre (« rendre l'information accessible et utile à tous »). Ils se demandaient quelles étapes franchir (ici : mettre la connaissance à disposition de tous). Ils évaluaient leur capacité technique à y arriver. Ils mettaient en regard les moyens à déployer et l'importance du problème à résoudre. Si les réponses à ces questions leur semblaient cohérentes, ils se lançaient en se disant que le business model suivrait.

Le projet était ensuite conduit avec une obsession (le mot n'est pas trop fort) pour le client et ses usages. Cette obsession constitue l'élément de sa culture interne qui a le plus contribué à sa croissance – c'est ce qui permet de mesurer la réelle « proposition de valeur » d'un nouveau service, qui sera ensuite, mais ensuite seulement, au cœur du modèle économique. Générer des revenus procède donc avant tout, dans cette culture, du travail « bien fait » et de l'observation des usages.

Un exemple connu illustre ce mécanisme, celui de l'algorithme PageRank. Il sert à évaluer la popularité d'une page ; mais son nom est aussi, par coïncidence, celui de Larry Page, cofondateur de Google. C'est grâce à cet algorithme que l'entreprise a trouvé son premier gagne-pain.

Initialement, il sert à optimiser le service rendu aux utilisateurs du moteur de recherche en présentant en tête de liste les résultats les plus pertinents. Pour cela, il attribue une sorte de note de pertinence (un rang – *rank*) à chaque page internet selon une combinaison de critères (nombre et « qualité » des liens entrants et sortants, ancres, trafic associé à la page, comportement des internautes, nom de domaine, etc.). Dès lors, il devient inutile de naviguer de page en page à la recherche du lien le plus satisfaisant, le moteur de recherche est capable de proposer ses meilleurs résultats en premier et fait gagner un temps significatif aux internautes, ce qui assoit rapidement la domination de Google sur ses concurrents.

Du côté des éditeurs de sites, cette révolution en lance une autre, celle du référencement (le SEO – Search Engine Optimization) : ils cherchent en permanence à organiser leurs pages web de sorte que l'algorithme de Google les juge les plus pertinentes et les fasse remonter en tête des résultats. La maîtrise du référencement devient une compétence clé pour conquérir une audience sur internet.

Dès le mois de décembre 1998 (année de la création de Google), *PC Magazine* classe le site dans sa liste des cent meilleurs au monde. En février 1999, le moteur de recherche traite 500 000 requêtes journalières, en août 1999, 3 millions. La croissance est exponentielle et s'élèvera à 8,5 milliards de recherches par jour (soit 99 par seconde) en octobre 2024.

Le problème posé (trouver facilement une information) est résolu. Le public est au rendez-vous. Reste à rentabiliser.

***

Les concurrents de Google, de façon classique, reproduisent les recettes de la presse écrite : ils vendent de la publicité sur leurs pages. Mais Sergey Brin et Larry Page, les fondateurs de Google, se méfient du caractère intrusif de la publicité. Ils veulent en outre que l'usage du moteur reste simple pour les internautes. Pour eux, remplir sa page de liens sponsorisés comme Yahoo et d'autres revient un peu à trahir leurs usagers. Ils partent encore une fois du comportement des utilisateurs et se rendent compte que lorsque ces derniers effectuent une recherche sur les mots « champagne », « livre » ou « bicyclette », c'est souvent dans l'objectif d'acheter du champagne, un livre ou une bicyclette. D'où l'idée, qui fait leur fortune, de vendre des « mots-clés » aux annonceurs – « champagne » aux producteurs de champagne, « livre » aux librairies, « bicyclette » aux vendeurs de matériel sportif. Ces mots-clés sont vendus aux enchères[3].

La force de l'idée est considérable, pour plusieurs raisons. L'internaute qui cherche du champagne trouve sa réponse, le producteur trouve des clients et plus les clients sont satisfaits de la pertinence de sa réponse, plus il va vendre. C'est l'alignement des planètes. Tout le monde y trouve son compte et cette innovation changera pour toujours l'approche du marketing. On peut désormais calculer vente par vente le coût de chacune des ventes. Mais surtout : Google se rémunère au clic, pas à l'apparition de l'annonce sur sa page de résultats comme le font les autres moteurs de recherche. Il ne vend pas « l'exposition » d'un message publicitaire, il vend « l'engagement » d'un client potentiel. Les trois parties prenantes sont gagnantes.

Google ira plus loin en proposant à ses clients de travailler ensemble sur les conversions en ventes des clics vers leur site, afin de les fidéliser. Si je peux acheter un mot-clé et grâce à cela vendre directement, je vais en

3. C'est la deuxième offre qui gagne l'enchère. Le prix est l'offre d'enchère multipliée par un index de pertinence. Cet index de pertinence est en fait un correctif du prix, à la baisse, qui tient compte de la pertinence de la réponse. Plus les usagers cliquent sur l'annonce et plus l'index de pertinence va la « gratifier ».

acheter régulièrement, voire continuellement. Google commencera à fournir des outils d'analyse du trafic et de performance de sites (Google Analytics) et permettra ainsi de comparer la popularité des mots-clés et l'évolution des recherches dans le temps, par jour, par saison (Google Trends). Google vendra ainsi des millions de mots-clés au mieux offrant minute par minute, jour par jour, partout dans le monde. On voit évidemment l'efficacité redoutable de ce modèle qui allie facilité d'utilisation, coût économique faible et rentabilité immédiatement prouvée. En face, les médias traditionnels sont en position de faiblesse.

Tout cela, insistons, sans partir d'un plan commercial élaboré *a priori*, mais grâce à cette mentalité si particulière qui place les sujets à résoudre et les usagers au premier plan. Et c'est bien cette mentalité qui a permis à Google (et à d'autres entreprises de la tech issues du même écosystème) de connaître une croissance exponentielle. En 2004, année de son entrée en Bourse, Google ne générait que 3,2 milliards de dollars de chiffre d'affaires. Mais déjà 22 milliards en 2008, 257 milliards en 2021 et 307 milliards de dollars en 2023 avec un bénéfice net de 73 milliards de dollars. Il va de soi qu'une fois une telle taille atteinte, ce n'est pas le manque de moyens d'investir qui fait que des projets sont retoqués.

Tous doivent notamment passer le « test de la brosse à dents ». Avant d'ajouter une nouvelle fonctionnalité ou un nouveau service à un produit, la question est : « Passent-ils le test de la brosse à dents ? » Traduction : « Aura-t-on besoin ou envie de les utiliser plus de deux fois par jour ? » Si la réponse est positive, l'effet plateforme fait le reste ; quand on soumet une nouvelle fonctionnalité aux milliards d'usagers journaliers de Gmail, du moteur de recherche, ou de Maps, elle devient vite significative, voire leader au niveau mondial.

***

L'histoire du courrier électronique, que nous avons ébauchée, fut tout aussi exponentielle, et pour des raisons voisines. Revenons-y. En 1997, les fournisseurs principaux de mails sont MSN Hotmail (qui deviendra Outlook), avec 11 millions d'usagers actifs, et AOL Mail (10 millions d'usagers actifs). Yahoo, NetEase et NTT Docomo suivent, loin derrière. Gmail n'existe pas encore. Sa naissance date de 2004. Vingt ans plus tard, ses utilisateurs actifs quotidiens sont plus d'1,8 milliard...

La gratuité du courrier électronique a été déterminante pour son adoption. À son lancement, il était vu par les fournisseurs d'accès à internet comme un moyen de sécuriser leur position de marché et leur relation avec leurs clients.

Pour Google, ce fut un peu différent. La première motivation peut sembler accessoire, presque affective : se prouver à soi-même que l'entreprise pouvait faire autre chose qu'un moteur de recherche. Cette considération s'est articulée avec une façon de penser là encore répandue dans la Silicon Valley, le *moonshot thinking*, qu'on pourrait traduire en français par « penser dix fois plus grand ». La deuxième motivation était de créer une relation directe avec les internautes et ainsi d'ouvrir la porte, à travers le stockage gratuit, à toute une plateforme de services gratuits pour les internautes et payants pour les entreprises. La création d'une base d'usagers quotidiens de plusieurs milliards de personnes (moteur de recherche + mail + navigateur Chrome par la suite) a permis le lancement de tous les produits de Google, de Maps à Android en passant par YouTube.

En 2010, Eric Schmidt, alors directeur général de Google, avait coutume de répéter : « Plus de un milliard de personnes utilisent tous les jours notre moteur de recherche ou notre service de courrier électronique. Si nous avions des services à leur proposer pour 1 dollar par jour, cela ferait 365 milliards de dollars par an. » Il ajoutait : « Rêvons : si c'était deux dollars par jour ? » La suite de l'histoire n'est pas loin de lui avoir donné raison. L'entreprise propose aujourd'hui sept services qui fédèrent, chacun, plus de 1,5 milliard d'usagers chaque jour (Gmail, Chrome, Maps, Search, YouTube, Google Play Store et Android). En 2022, elle a réalisé 282 milliards de dollars (261 milliards d'euros) de chiffre d'affaires et 60 milliards de bénéfices.

La façon dont une entreprise comme Google (mais cela vaut pour d'autres) a réussi au-delà de tout ce qui avait existé auparavant renvoie au mécanisme décrit précédemment : sa capacité à agréger un nombre phénoménal d'usagers. Peu importe, dans cette économie de plateforme, que l'utilisateur ne paie pas directement le service dont il profite si c'est ce qui permet de l'attirer en masse – ce qu'a fait Google avec son moteur de recherche et son service de courrier électronique. La monétisation vient ensuite, elle peut être indirecte ou découler d'autres usages que l'usage initial. La proposition de valeur est proportionnelle au nombre d'utilisateurs.

Ce mode de fonctionnement explique qu'internet se soit développé, en termes de business, sur un modèle publicitaire. Il permet une monétisation proportionnelle à l'audience et présente une valeur mesurable pour l'annonceur. Avec des plateformes de taille importante, le modèle de la rémunération proportionnelle fonctionne également (par exemple, prélever 15 % sur vos ventes, en échange d'une mise en valeur de vos produits, ou 30 % et, en échange, gérer votre site ou mettre en avant vos vidéos). À condition de bien évaluer la partie de valeur que l'on peut demander à prélever, science difficile et absolument fondamentale pour toute prise de risque sur internet. Amazon y est parvenue : la commission qui lui est payée sur les transactions effectuées sur sa plateforme est inférieure aux coûts à engager par un vendeur pour attirer, seul, les clients. Même situation avec Booking.com : les hôteliers trouvent la commission à payer à Booking onéreuse, mais elle est étudiée pour l'être moins que la vente directe de leurs chambres par les hôtels eux-mêmes.

Ce mode de fonctionnement fait évidemment débat. Lorsqu'une plateforme se retrouve en situation de quasi-monopole sur un service donné, le risque d'abus de position dominante est évident.

***

Ce n'est pas un hasard si cette nouvelle économie est née aux États-Unis. Créer des bases d'usagers importantes y est bien plus aisé qu'en Europe. Contrairement à l'Union européenne, les États-Unis n'ont pas mis en place un droit de propriété intellectuelle *sui generis* pour les bases de données. De plus, les entreprises y ont davantage de liberté pour exploiter les données, tant qu'elles ne commettent pas de « pratique déloyale » (en dehors de certains secteurs spécifiques comme la santé ou la banque). En Europe, enfin, les données personnelles sont considérées comme un droit fondamental, ce qui impose des restrictions plus importantes sur leur utilisation.

Les États-Unis, par comparaison, offrent un marché unique de 350 millions d'habitants disposant d'un pouvoir d'achat relativement élevé et d'une langue commune (l'anglais) par ailleurs utilisée dans le monde entier. C'est du reste en se tournant vers le marché américain que des pays moins importants ont réussi à créer quelques géants, notamment Israël – la « nation start-up » – qui n'aurait jamais développé ICQ (messagerie instantanée) ou Waze (assistance à la navigation) pour un marché de 8 millions d'habitants parlant hébreu.

L'Europe ? Nous nous étonnons depuis longtemps de sa lenteur à comprendre le handicap majeur que représentent, dans la course à la globalisation, la coexistence de 24 langues officielles[4] et un cadre législatif que nous n'arrivons pas à rendre cohérent et unique, même sur des points essentiels. Nous agissons comme si notre longue et riche histoire nous garantissait un droit de réussite, sans comprendre que notre place dans l'économie mondiale est remise en jeu chaque jour. Réguler sans comprendre les modèles de revenus que l'on régule, c'est s'obstiner à plaquer du « mécanique sur du vivant » pour s'étonner ensuite de ne pas obtenir l'effet recherché, voire être la risée du monde (l'expression « mécanique plaquée sur du vivant » renvoie à une célèbre définition du comique proposée par le philosophe Henri Bergson dans son essai *Le Rire*).

---

4. Chaque pays ne peut faire reconnaître qu'une seule de ses langues officielles comme langue officielle de l'Union européenne. Par exemple, le Luxembourg a choisi le français plutôt que le luxembourgeois, et Chypre a choisi le grec plutôt que le turc. D'où le décalage entre le nombre de langues officielles et le nombre de pays membres (27).

***

La question à 1 000 euros (ou plus probablement à 100 milliards d'euros) est : reste-t-il de la place pour faire émerger en Europe des protagonistes majeurs du numérique mondial alors qu'un des acteurs (les États-Unis) a conquis une situation aussi dominante ? De nos jours, cela semble difficile : la fragmentation des langages, des standards et des politiques industrielles et réglementaires en Europe ne rend pas optimiste sur la capacité de faire surgir des entreprises globales. Toutefois, l'arrivée de l'IA et la présence de l'Europe dans certains des secteurs clés comme la pharmacie, les machines-outils ou l'alimentation laissent espérer qu'une Europe qui adopte les nouvelles technologies peut encore créer des leaders mondiaux. Nous y reviendrons.

***

Dernières innovations majeures de cette période de l'histoire d'internet : la messagerie et les blogs.

La messagerie, cousine du mail, répond à un besoin un peu différent. Si le courriel remplace la lettre à la poste, la messagerie se substitue plutôt à l'appel téléphonique. ICQ (pour « *I seek you* » – « je te cherche ») fut la première messagerie réellement globale. Elle offrait deux fonctionnalités inédites : le *chat* (discussion) à plusieurs, et la possibilité d'envoyer des fichiers. ICQ vous permettait en outre de rester connecté ou de communiquer avec vos proches même s'ils étaient absents au moment où vous leur écriviez.

À la fin des années 1990, les messageries et les sites internet commencent à s'intégrer. C'est la naissance des blogs, qui se présentent au début comme des journaux intimes destinés à être lus, façon nouvelle et originale de se raconter et de parler de ses passions. Le blog démocratise la parole sur le web et permet, grâce à l'effet réseau, d'amplifier son propos. Contraction anglaise de *web* et *to log* (se connecter), les blogs ou journaux en réseau étaient au nombre de 23 en 1999 selon Jesse James Garrett, l'inventeur d'Ajax (pas la poudre à laver mais le langage informatique qui améliore la capacité des sites à interagir avec le réseau). Il y en avait 50 millions en 2006 et 500 millions dix ans après. Ils étaient alors consultés et alimentés chaque jour par plus de un milliard de personnes.

Les blogs inaugurent un phénomène majeur pour le monde des médias, celui du « journalisme citoyen ». Ils répondent au besoin de reconnaissance, d'existence, des individus, motivation déterminante pour l'adhésion au web depuis sa naissance. Ils matérialisent aussi une vision optimiste de la toile comme média inclusif offrant la possibilité à tout un chacun de s'exprimer, du moins dans les pays où existe la liberté d'expression. C'est l'internet « deuxième chance » pour toutes celles et ceux qui échouent à se faire valoir dans la vie réelle. Un espace qui permet de réussir dans le monde virtuel quand on échoue dans le monde réel.

Mais se posent aussi, dès le début, des questions qui sont aujourd'hui au cœur du débat sur les médias et la démocratie, celles de la fiabilité de ces sources non professionnelles et de leur rôle dans la diffusion ou l'amplification des fausses informations (*fake news*). Avec, aussi, des dommages collatéraux potentiels, quand la possibilité de se cacher derrière un pseudonyme donne libre cours à des manipulations ou à des malversations.

D'autres problèmes à venir se cristallisent dans ces années pionnières. La diffusion des pratiques en ligne – blog, jeu, surf... – amorce le fléau de l'addiction au virtuel, attise la confusion entre mondes réel et virtuel et, chez certains, le choix de s'enfermer dans le virtuel pour anesthésier une souffrance, compenser un manque de reconnaissance... Émerge aussi la peur inverse, celle de ne pas être connecté, de s'isoler, à laquelle messageries et blogs répondent si bien ; elle a été baptisée « nomophobie », contraction de *« no mobile phone »* et *« phobia »*, qui décrit la peur excessive et irrationnelle d'être séparé de son téléphone portable ou de ne pas pouvoir l'utiliser.

Vous le devinez sans peine à ce stade de votre lecture : ce qui s'amorce ici, ce sont les conditions du succès foudroyant des réseaux sociaux, dont nous allons parler dans le prochain chapitre.

Posons d'ores et déjà que le besoin d'inclusion, de faire partie de la communauté humaine, est tout sauf une mode passagère. C'est une nécessité profonde, pour tout être humain. Or, distinguer les vrais besoins des modes est aussi une des qualités requises pour que le succès sur internet soit durable et soutenable. Une grande qualité que nous devons reconnaître à la Silicon Valley est précisément sa capacité à comprendre les motivations humaines, à identifier des questions universelles... et à les transformer en produits.

Le besoin de lien en est une et nous allons examiner maintenant la troisième phase de l'histoire d'internet. En enjambant provisoirement l'explosion de la bulle internet qui survient en mars 2000 et que nous traiterons dans le chapitre final, quand nous aborderons la question des outils pour comprendre l'économie du réseau internet mondial.

Strate #3 :

ATAWAD !

(Mobilité et réseaux sociaux)

La troisième phase de développement d'internet voit l'avènement concomitant de deux nouveautés : le téléphone « intelligent » et les réseaux sociaux. Elle ouvre l'ère de l'Atawad (*« Any Time, Any Where, Any Device »*) : nous voici connectés en permanence, partout, avec n'importe quelle personne et également, nous le verrons, avec n'importe quel matériel.

Commençons par le téléphone, sans lequel les réseaux n'auraient sans doute pas pris un tel essor aussi vite. La naissance, en 2007, de l'iPhone et d'Android a représenté un véritable, et ultérieur, tsunami dans le « paisible monde » du développement d'internet. Avec l'arrivée des smartphones, la connexion sort des maisons ou des bureaux et devient permanente et ubiquitaire ; elle est accessible où que l'on aille et à tout moment.

Comme toujours en matière de tech – mais, à ce stade de votre lecture, vous ne serez guère surpris –, l'iPhone n'est pas né *ex nihilo*. Dès les années 1990, IBM planche sur des téléphones intelligents et dévoile en 1994 l'IBM Simon, téléphone mobile doté d'un écran tactile qui propose en outre un service de messagerie, peut recevoir des fax et servir d'agenda. Il est même équipé d'un traitement de texte rudimentaire.

Pourtant, dès l'annonce du lancement de l'iPhone par Steve Jobs au début de 2007, le monde pressent que la téléphonie mobile est en train de basculer dans une ère nouvelle. Pas moins de 11 000 articles et plus de 105 millions de pages en parlent avant même sa sortie, le 29 juin 2007[1]. Le premier smartphone d'Apple fusionne, dans un seul appareil, un téléphone, un navigateur pour le web et un iPod (baladeur musical). Au lancement, Steve Jobs imagine la simple intégration des trois usages principaux du téléphone : connexion, web et musique. Même la fonction photo est peu mise en avant. On est encore bien loin du téléphone « couteau suisse » que va devenir l'iPhone.

Il jouit, dès le début, d'un nouveau modèle économique robuste qui repose sur l'octroi d'une exclusivité à un opérateur par pays (ou territoire) pour une durée de cinq ans, et sur l'obligation pour les acheteurs de contracter des abonnements de 24 mois (au lieu, traditionnellement, de 12). Mais surtout, Apple s'assure, pour elle-même, un lien direct avec les abonnés *via* l'obligation de se connecter à sa place de marché, le site iTunes, pour profiter de toutes les fonctionnalités de ce nouvel appareil. Comme avec l'iPod, c'est Apple qui gère la relation client, pas l'opérateur. C'est déjà une révolution.

La véritable rupture, cependant, intervient l'année suivante avec un autre coup de génie. Steve Jobs lance l'App

1. « Le Iphone, très apprécié par la presse américaine », *Le Monde*, 27 juin 2007, https://www.lemonde.fr/technologies/article/2007/06/27/le-iphone-tres-apprecie-par-la-presse-americaine_928842_651865.html.

Store (boutique d'applications – à ne pas confondre avec les Apple Stores, les magasins qui constituent le réseau de distribution global des produits Apple). Il permet aux développeurs de proposer leurs applications sur la plateforme iPhone, devenue plateforme « ouverte ».

Ce choix est tout sauf neutre pour la marque à la pomme. Depuis toujours, Steve Jobs et Apple ont choisi de contrôler intégralement la filière. Un Mac est un ordinateur vendu avec son système d'exploitation que l'on ne trouve que sur les produits Apple. L'ergonomie, la simplicité d'usage, jusqu'à la beauté des objets, sont de véritables obsessions chez Apple et Steve Jobs ne veut pas prendre le risque de dégrader la sacro-sainte « expérience utilisateur » en ouvrant son univers technologique à d'autres acteurs.

***

Cette conception de « l'expérience utilisateur » a été baptisée le *walled garden* – le jardin ceint de murs. Dans l'éden d'Apple, tout est beau, attractif, addictif et cohérent et l'on vous incite à acheter Apple de bout en bout. Impossible de proposer des « fruits » étrangers sans l'accord de la firme.

Ce modèle s'oppose depuis longtemps à celui des *open plains*, les « prairies ouvertes ». Cet antagonisme est au cœur de la bataille qui oppose Microsoft et Apple dans les années 1980 et 1990.

Apple naît à Los Altos, ville voisine de Palo Alto, en Californie, en 1976, dans le garage de la maison d'enfance de Steve Jobs. À l'époque, nul ne sait vraiment à quoi pourraient servir des ordinateurs personnels. La vision originelle de Steve Jobs est qu'une intégration fluide entre le logiciel et le matériel constitue un élément fondamental de la création de valeur. Dans ces années-là, la difficulté d'utilisation est en effet le principal obstacle à l'achat. Steve Jobs le surmonte spectaculairement avec la naissance du Macintosh en 1984.

À la même période, Bill Gates crée Microsoft sur une vision radicalement différente. Fondé en 1975 à Albuquerque (Nouveau-Mexique), Microsoft se voit comme un producteur de logiciels, plus précisément de systèmes d'exploitation pour ordinateurs et imprimantes, et de bureautique. Les systèmes qu'il crée (MS-DOS et Windows) atteindront au début des années 1990 un taux de pénétration de 90 % du marché des ordinateurs personnels dans le monde. Ce succès de Microsoft réside dans la vision de Bill Gates du futur du marché des logiciels. Au lieu de vendre ses produits (Altaïr BASIC et MS-DOS) à IBM et à d'autres, Bill Gates les a en quelque sorte « loués ». En échange du droit de les utiliser, les fabricants reversent des royalties (une licence sur chaque copie vendue). Ainsi, Microsoft restait propriétaire de son logiciel. La valeur se transférait donc du matériel (le *hardware*) vers le logiciel (le *software*), ce qui constitua une véritable rupture de modèle industriel.

Quand vous achetiez un ordinateur Altaïr 8800, environ 9 % du prix final allait à Microsoft qui, en outre, se réservait le droit de vendre des licences à d'autres constructeurs. L'essor des PC compatibles a fait le reste, dès le milieu des années 1980 (Texas Instruments, Thomson, Amstrad, Seiko Epson…), et MS-DOS est devenue, *de facto*, la plateforme de référence. Et, selon ses détracteurs, constitua un « monopole », ce qui amènera Microsoft à se faire accuser d'abus de position dominante en 1997 aux États-Unis puis, dans les années 2000, en Europe – nous y reviendrons.

Mais revenons aux années 1980-1990. Elles sont le théâtre de violentes passes d'armes entre Apple et Microsoft, le premier accusant le second de plagiat, en soutenant que Windows 2.0 copie l'apparence visuelle de Macintosh. Apple argue aussi que Microsoft l'empêche de rendre ses Mac compatibles avec Windows. Insultes et noms d'oiseaux volent, comme quand Steve Jobs brocarde Microsoft en 1986 pour « n'avoir aucun goût [et] n'amener aucune culture dans ses produits ». Mais le fond de la bataille est presque philosophique. Il tient à cette opposition entre deux modèles, celui du « jardin clos » d'Apple et celui de la « prairie ouverte » de Microsoft.

Steve Jobs fut licencié de sa propre entreprise en 1985 (il sera réembauché en 1997 et fera d'Apple la première capitalisation mondiale). Motif : son conseil d'administration trouvait que Lisa, le premier ordinateur à interface graphique, et Macintosh échouaient à entrer en compétition avec IBM ou ses clones (tous les PC alimentés par le MS-DOS de Microsoft). L'approche du « jardin clos » avait du plomb dans l'aile. Quand il revient à la tête d'Apple, en 1997, Steve Jobs a mûri. Il faut pourtant attendre presque douze ans pour qu'il entrouvre son jardin et accepte que l'App Store propose pour ses iPhones des produits conçus hors d'Apple.

La suite de l'histoire est connue : le monde entier s'est converti au smartphone. C'est bien sûr le résultat de l'arrivée à maturité de technologies qui n'étaient pas assez performantes quand IBM avait lancé Simon en 1994. Mais aussi celui de l'invention d'usages jusqu'alors inédits, qui ont permis aux utilisateurs de s'approprier pleinement le média internet. Au cœur de cette nouvelle révolution : les réseaux sociaux, par lesquels le World Wide Web s'est mué en une somme « d'internets individuels », contrôlés par chaque usager. Le téléphone portable « intelligent » s'érige en nouveau prophète des réseaux sociaux : il leur offre une connectivité permanente et installe définitivement leur impact et leur présence dans nos vies quotidiennes.

***

L'histoire des réseaux sociaux grand public a commencé en 2003 avec Myspace, plateforme de blogs qui adjoint à chaque site un service de messagerie facilitant la mise en relation des pages créées sur le site (qui le met en réseau).

Le succès de Myspace fut d'abord assuré par les groupes de musique, qui y trouvèrent une façon de toucher un public potentiellement illimité et de se faire connaître des « majors » du disque – fonction qui fut par la suite reprise par YouTube. Dès 2005, Myspace est le quatrième site le plus visité au monde. En 2007, il est le site le plus consulté aux États-Unis, devant Google et Yahoo Mail. Une vidéo virale publiée en 2011 avancera même que « si Myspace était un pays, il serait le cinquième pays le plus important au monde en termes de population, tout juste entre l'Indonésie et le Brésil[2] » –, la plateforme agrégeant alors 200 millions d'utilisateurs.

Le secret du phénoménal succès de Myspace tient à la possibilité offerte aux usagers de personnaliser leur

2. K. Fisch, S. McLeod et J. Brenman, « Did You Know ? », *YouTube*, 20 nov. 2011, https://www.youtube.com/watch?v=-Ykt-p3x3bf0.

présentation dans des profils individuels. Ils peuvent y insérer des vidéos et de la musique mais aussi communiquer avec leurs amis dans la zone « Commentaires ».

Cette capacité à faciliter la création et le partage d'informations est en fait la meilleure définition possible d'un média social et elle est l'origine du succès des réseaux sociaux de manière aussi essentielle que le protocole internet l'avait été pour créer le World Wide Web.

***

Les réseaux sociaux s'appuient sur un besoin fondamental de l'espèce humaine, celui de communiquer et d'exister au sein de communautés. Leur avènement au début des années 2000 est lié à l'arrivée à maturité de trois technologies : un réseau internet suffisamment populaire (100 millions de personnes dans le monde en 2000), la possibilité de créer des pages web mise à la portée de tous (comprendre : même de celles et ceux qui ne savent pas programmer), la création de messageries interactives pouvant envoyer et recevoir vidéos, audios et textes. Myspace permettait à chacun de devenir web designer ou journaliste.

La chute de Myspace fut aussi spectaculaire que sa croissance. Racheté en 2005 par Rupert Murdoch (News Corp) pour 580 millions de dollars, il fut revendu en 2011 à Specific Media (devenu, en 2015, Viant) et au chanteur Justin Timberlake pour environ 35 millions de dollars avant de s'étioler dans les limbes du cyberespace, victime de mauvais choix de ses actionnaires mais surtout de l'arrivée des rouleaux compresseurs Facebook et YouTube.

Pourquoi Facebook a-t-il dissous Myspace si rapidement ? La première raison tient à la manière de gérer l'innovation et le changement. Fondamentalement, Facebook, tout comme Google, réfléchit comme une entreprise de technologie. Leurs plateformes respectives sont en évolution constante, se remettent en question continuellement. Après le rachat de Myspace par News Corp, la gestion en est devenue plus traditionnelle. Avec des effets très positifs comme la création de la première base de données de prédateurs sexuels (Sentinel) pour protéger les membres et une attention plus importante à la sécurité. Mais il n'y eut pas de remise en question constante ni de développement informatique perpétuel.

Or, le monde de la technologie vit au rythme de l'innovation continue, incrémentale, nourrie par une quasi-paranoïa de voir se dégrader la qualité de l'expérience client. Dans l'industrie du *hardware* (le matériel), on renouvelle les produits tous les ans. Pour le *software* (les logiciels), le rythme de parution des mises à jour est mensuel ou trimestriel. La fréquence est encore plus impressionnante dans la téléphonie mobile, chaque nouvelle sortie d'iPhone ou de téléphone sous Android évolue ensuite au rythme constant des mises à jour et de nouveaux applicatifs.

L'organisation d'une entreprise de technologie doit donc être pensée pour permettre cette innovation constante. Les usagers sont habitués, de nos jours, à ce que leurs produits informatiques soient mis à jour constamment, aussi bien pour des raisons de sécurité que pour incorporer de nouvelles fonctionnalités.

***

La deuxième raison de la rapidité de la descente aux enfers de Myspace est liée au fait que quitter la plateforme pour une autre n'avait pas de conséquences insurmontables (c'est ce qu'on appelle les « coûts de commutation » ou *switching costs*). Abandonner Myspace pouvait être ennuyeux car on perdait son réseau, mais c'était pour en reconstituer un nouveau, amplifié et plus facile à gérer, sur Facebook. Les freins à délaisser Myspace étaient limités.

Troisième motif : pour atteindre et maintenir une offre de niveau mondial, il faut fédérer un écosystème significatif de développeurs. C'est la raison pour laquelle, contre sa propre culture, Apple, comme nous l'avons vu, a ouvert son App Store en 2008. Facebook bénéficie également du soutien de centaines de milliers, peut-être même de millions, de développeurs qui enrichissent la plateforme et facilitent l'innovation continue. La plateforme est pour eux une source de revenus. Ils la défendent et l'aident à prospérer.

La quatrième raison nous semble être la façon dont Myspace a géré la publicité sur son site. En appliquant au web les mêmes principes que la presse papier – publication de pavés publicitaires souvent clinquants et invasifs –, la plateforme a dégradé la qualité de l'expérience des usagers, là où Facebook et Google s'efforçaient d'inventer des formes de publicité que l'utilisateur percevait comme partie intégrante de l'expérience client.

***

L'expérience client. Encore. Toujours. Nous sommes conscients de marteler ce mantra mais il faut bien comprendre à quel point il est essentiel, même quand il oblige à des choix susceptibles de réduire les revenus. Google ira, par exemple, jusqu'à enlever les publicités ciblées dans Gmail car les utilisateurs se sentaient espionnés quand ils trouvaient dans leur boîte mail des publicités pour des objets ou des lieux qu'ils avaient recherchés sur internet peu de temps auparavant.

Malgré ces erreurs, fatales, il faut reconnaître à Myspace d'avoir formé les usagers aux réseaux sociaux et d'avoir inspiré la création d'un nouveau type d'expérience de communication entre humains. Avant la naissance de Myspace, les internautes communiquaient grâce aux blogs pour partager leurs opinions, la vidéo d'un voyage ou une recette de cuisine. Surtout : il fallait trouver un moyen d'attirer une audience vers son blog, ce qui n'avait rien d'évident. Avec Facebook, le simple fait de poster un contenu permet d'atteindre directement tous ses contacts, voire, en cas de succès, un public plus large. Le réseau agit comme un amplificateur pour les contenus et les relations.

Ce phénomène est expliqué par la loi de Reed, du nom de David P. Reed, informaticien américain spécialiste des réseaux. Elle énonce que la valeur d'un réseau grandit de manière exponentielle avec le nombre de ses usagers. Explication de ce petit miracle : le nombre de sous-groupes de participants au réseau grandit plus rapidement que le nombre d'usagers lui-même ou que le nombre de connexions possibles entre usagers. Elle souligne l'importance cruciale des connexions de groupes dans les réseaux, au-delà des simples connexions individuelles. Cette loi est importante pour comprendre pourquoi certains réseaux sociaux ou plateformes de communication deviennent si puissants et précieux lorsqu'ils atteignent une certaine taille. Elle influença la valorisation des start-up internet de manière très importante, à commencer par celle de Facebook.

***

Nous sommes en 2003 à Harvard. Un jeune étudiant, Mark Zuckerberg, bricole un site baptisé Facemash. Celui-ci permet d'afficher deux photos côte à côte et propose aux internautes de voter pour la plus *hot* des deux – les photos en question sont celles d'étudiantes de la prestigieuse université. Le site est rapidement fermé par l'institution, mais il a connu un succès fulgurant à l'échelle de Harvard. L'expérience a surtout confirmé à Mark Zuckerberg que le besoin, très humain, de relation et de reconnaissance peut constituer un « problème client » intéressant à résoudre. Il lance l'année suivante TheFacebook, qui rencontrera le succès que vous connaissez.

Là encore, Facebook n'est pas le premier réseau social de son genre.

Il existe déjà des annuaires de photos, des sites de rencontre (match.com, Love@Lycos, Meetic en France) et des réseaux sociaux (à commencer par Myspace). Mais Facebook adjoint à l'idée initiale celle du fameux « mur », qui amène une nouvelle dimension, et place au cœur de sa proposition de valeur l'affirmation de son identité digitale et le partage des actions avec sa communauté. Rapidement s'ajoute la possibilité de renouer avec d'anciennes connaissances, qui sera un autre moteur du développement du site.

***

Quelques années après Google, Facebook introduit aussi une seconde révolution au monde de la publicité. Tout comme proposer une publicité pour une marque de champagne sur Google alors que l'on recherche le mot « champagne » dans le moteur de recherche a du sens, pour l'annonceur comme pour l'usager, diffuser une publicité pour un hôtel ou pour un nouvel objectif photographique est bien plus efficace dans un groupe Facebook de passionnés de voyages ou de photographie. Les marques peuvent parler de façon ciblée, incarnée, émotionnelle et créer, à faible coût, des communautés qui vont faire vivre et évoluer leurs messages. Les internautes s'approprient les valeurs d'une marque, la font vivre et grandir en lieu et place des entreprises. Deux phénomènes agissent en synergie et se renforcent : l'effet réseau et l'interactivité.

Le réseau social rend ses utilisateurs bien plus actifs que tout autre média. Si le phénomène du journalisme citoyen est né avec les blogs, la promotion de soi (*self-branding* ou *personal branding*) explose avec Facebook puis Instagram et TikTok. Avec les réseaux sociaux, nous ne sommes plus de simples spectateurs, nous devenons acteurs et auteurs, et nous pouvons partager avec nos amis ou avec une communauté plus large des denrées inépuisables : nos passions, nos désirs, nos idées…

***

La diffusion rapide et globale des réseaux sociaux s'accélère avec l'arrivée des smartphones, chaque innovation nourrissant l'autre. Rapidement, elle ne produit pas seulement des effets sur nos vies personnelles ; elle s'étend au politique. Des printemps arabes à #BlackLivesMatter en passant par #MeToo, des dizaines de mouvements sociaux ou politiques n'auraient pas eu le même impact sans les réseaux sociaux – notamment Facebook et Twitter.

Carlo se souvient encore très bien du début des printemps arabes, fin 2010, lorsque les Égyptiens commencent à manifester contre le président Hosni Moubarak sur la place Tahrir, au Caire. Des dirigeants du monde entier cherchent à comprendre ce qui se passe. Ils ne se contentent pas de demander des rapports à leurs ambassades : ils appellent Google. Au cœur de leurs interrogations : le mouvement est-il spontané ? piloté par une petite minorité ? manipulé par quelque potentat étranger ? L'analyse des requêtes dans le moteur de recherche, notamment de leur provenance, ainsi que l'usage concomitant de Facebook et Twitter pour rallier des personnes sur la place Tahrir, nous laissent l'impression qu'il s'agit bien d'un mouvement de foule spontané.

Les regards ne se tournent pas seulement vers Google en raison de ses capacités d'analyse. Son directeur marketing en Égypte, Wael Ghonim, a en effet joué un rôle moteur dans le déclenchement du mouvement, en publiant sur Facebook des photos du visage martyrisé de Khaled Saïd, prises par son frère avec un téléphone portable. Ce jeune homme de 28 ans avait été arrêté et battu à mort par deux policiers lors d'un contrôle d'identité, en juin 2010. Ghonim et un ami avaient lancé, alors dans l'indifférence, la page Facebook « Nous sommes tous Khaled Saïd ». C'est sur cette même page qu'est publié, le 25 janvier 2011, le premier appel à manifester place Tahrir. Deux jours après, Ghonim est arrêté par la sécurité d'État.

Peu avant, celui que les médias allaient surnommer le « wonder boy de la révolution égyptienne » avait tweeté :

« Très inquiet car il semblerait que le gouvernement planifie un crime de guerre contre le peuple demain, nous sommes tous prêts à mourir. » Au siège de Google, en Californie, l'inquiétude est à son comble et décision est prise avec les équipes de sécurité de communiquer sur sa disparition et sur le fait que son employeur le recherche activement (dans l'espoir que le fait qu'il travaille pour Google le protège). Nous décidons aussi de bloquer ses accès Google et de le faire savoir afin de dissuader toute tentative de lui extorquer, par la torture, ces informations. Cette dernière décision a été, dans un premier temps, mal comprise par ses collègues, qui pensaient que Google se désolidarisait de son salarié. Elle semblait pourtant avoir la force de l'évidence, mais durant cette période la « vie réelle » était accélérée par le web : il fallait décider dans l'urgence, quitte à voir presque instantanément les effets des annonces et des actions entreprises.

Wael Ghonim est resté incarcéré onze jours. Dès le lendemain de sa libération, il fonce place Tahrir pour encourager les manifestants. Trois jours plus tard, le 11 février, Hosni Moubarak, lâché par l'armée, démissionne.

***

Avec ce bref détour par l'histoire politique, nous voulons insister sur ce point : l'immédiateté et la simplicité d'usage forment la variable clé pour la diffusion d'une technologie auprès du grand public. Ici, c'est la combinaison de smartphones et de réseaux sociaux que chacun peut utiliser qui est en jeu. Ils furent essentiels pour recueillir des témoignages, pour protéger les populations grâce à la possibilité de filmer en temps réel, pour rallier des dizaines de milliers de personnes dans le monde physique.

Là aussi, il a fallu plusieurs années pour que la technologie arrive à maturité, et ceux qui en ont le plus tiré bénéfice ne sont pas forcément ceux qui ont défriché le terrain.

Le premier téléphone portable à proposer une caméra a été le Samsung SGH-V200, commercialisé en 2000 en Corée du Sud. Puis Sanyo a proposé, avec son SCP-5300, le portable doté d'un appareil photo en 2002. Dès 2003, malgré une qualité photo rudimentaire, 80 millions de smartphones avec appareil photo avaient été vendus. En 2006, un téléphone portable sur deux est équipé d'un appareil photo, et il faut attendre 2008 pour que la photographie sur téléphone portable atteigne le seuil des 8 mégapixels, qui permet d'imprimer avec une qualité raisonnable sur format A4. Les téléphones portables embarquent un appareil photo dans 81 % des cas en 2010. Le téléphone portable devient alors l'appareil photo du quotidien. En France, par exemple, un tiers des utilisateurs de portables s'en servent pour prendre des photos.

Autre atout important du portable, sa capacité à partager les clichés. Dès 2002, il devient possible d'envoyer une photo instantanément à l'autre bout de la France par MMS (Multimedia Messaging Service). Rapidement, la liste des destinataires s'élargit avec la naissance des réseaux sociaux et la progression de l'internet mobile. En quelques années, la photo devient facile, instantanée, dématérialisée et nomade. En 2013, le mot « selfie » apparaît, grâce aux caméras frontales qui équipent dès lors la plupart des téléphones portables.

Cette rapidité d'adoption et de diffusion n'a pas surpris les historiens de l'image. Documenter le réel a toujours fasciné l'humanité. Chaque progrès de la photographie s'est rapidement diffusé. Quand le daguerréotype apparaît, en 1839, il suscite un véritable délire et l'on dit déjà, à l'époque, qu'il s'agit de la technologie la plus rapidement adoptée de l'histoire. Honoré de Balzac, qui connaissait Daguerre, écrit en 1822 à sa sœur Laure, au sujet du diorama, précurseur du daguerréotype : « C'est la merveille du siècle, une conquête de l'homme à laquelle je ne m'attendais nullement. Ce polisson de Daguerre a fait une libertine d'invention qui va lui donner une partie de l'argent de ces lurons de Parisiens[3]. »

En 2017, le seuil estimé de 1 000 milliards de photos prises avec un téléphone portable est atteint. Ce qui n'est pas si étonnant, sachant que trois milliards de personnes possèdent un téléphone équipé de caméra et que la moyenne est de cinq photos par jour.

***

Le phénomène s'est amplifié – et, là encore, s'est nourri – avec la naissance d'un nouveau réseau social. Flickr, premier vrai réseau de partage de photos, était né en 2004 et Facebook avait vu le jour autour de l'idée de comparer des photographies. Mais c'est Instagram qui a, pour l'heure, gagné la partie. Fondé en 2010 (racheté par Facebook en 2012), Instagram (contraction des mots « instantané » et « télégramme ») a donc été créé l'année où la photographie sur téléphone portable est vraiment devenue un phénomène de masse.

3. N. Derville, « Balzac et la photographie », *Études photographiques*, n° 6, mai 1999.

Twitter, né en 2006, apparaît aussi en pensant au téléphone portable. La plateforme permet alors de partager des messages de 140 caractères pouvant provenir de SMS. La brièveté des messages et le « temps réel » qu'autorise le téléphone portable font une bonne partie de l'intérêt de ce nouveau média. Il intègre la possibilité de partager des images, lui aussi en 2010 (en septembre). Il est à noter toutefois que Twitter s'est donné par la suite des limites sur les photos que l'on pouvait partager (il est notamment interdit de partager des photos personnelles sans consentement du sujet).

Comme nous l'avons vu, une technologie devient grand public quand elle est simple à utiliser, efficace et fiable. Nous vous proposons de passer maintenant derrière le miroir et de voir quelles sont les technologies qui ont permis à internet et au téléphone portable de devenir des vrais phénomènes de masse.

Strate #4 :

LES PIEDS SUR TERRE, LA TÊTE DANS LES NUAGES

(La puissance du cloud)

L'avènement d'internet puis du téléphone mobile intelligent aurait pu (aurait dû, même) faire la fortune des entreprises de télécommunications. Les réseaux fixes et mobiles des opérateurs télécoms ont été fondamentaux pour leur développement. Or, plus l'internet a grandi, plus la capitalisation boursière de ces opérateurs a diminué.

Nous reviendrons sur ce paradoxe en abordant les effets de la régulation, mais arrêtons-nous une première fois sur ce phénomène totalement contre-intuitif.

Il est visible dès le tournant du millénaire. En 2002, Paul Starr, journaliste à *The American Prospect*, le décrit dans un article intitulé « La grande implosion des télécoms » : « L'effondrement du secteur des télécommunications au cours des deux dernières années a pris des proportions stupéfiantes. Un demi-million de personnes ont perdu leur emploi. Au cours de cette période, l'indice Dow Jones des technologies de la communication a chuté de 86 % et l'indice des communications sans fil de 89 %. Ces baisses de valeur sont dignes de la comparaison avec le grand krach de 1929. Sur les 7 000 milliards de dollars de baisse du marché boursier depuis son apogée, environ 2 000 milliards de dollars ont disparu dans la capitalisation des entreprises de télécommunications. Vingt-trois sociétés de télécommunications ont fait faillite dans une vague couronnée par l'effondrement de WorldCom le 21 juillet – la plus grande faillite de l'histoire américaine[1]. »

La situation n'est pas plus brillante en France. En septembre 2000, juste avant l'éclatement de la bulle internet, la première capitalisation du CAC 40 est France Télécom (qui ne s'appelle pas encore Orange), avec 174 milliards d'euros. Le 7 novembre 2024, Orange est au 26e rang du CAC 40 avec « seulement » 27 milliards d'euros de capitalisation boursière (le nouveau leader est LVMH, suivi par Hermès, entré au CAC 40 en 2018).

En Europe, la régulation est l'une des causes principales du déclin des télécoms, comme nous le verrons plus loin, mais ce qui nous intéresse ici est le changement de fonction des réseaux. Ils ne recèlent plus l'essentiel de la valeur et sont devenus une simple commodité. La valeur, elle, réside dans les services, les contenus, les applications, qui transitent par les réseaux télécoms. Pis, pour les opérateurs télécoms, ces nouvelles offres n'ont pas besoin d'eux pour gérer la relation client.

En outre, le mode de facturation à la minute et à la distance, typique des télécoms du siècle dernier, a évolué vers un modèle fondé sur des abonnements dont le montant est calculé sur la quantité de données et la vitesse de transmission. La voix elle-même a « migré » : nos

1. P. Starr, « The Great Telecom Implosion », *The American Prospect*, 9 sept. 2002, https://www.princeton.edu/~starr/articles/articles02/Starr-TelecomImplosion-9-02.htm.

conversations téléphoniques sont de plus en plus gérées comme des données (*via* VoIP – Voice over Internet Protocol), la voix est convertie en « paquets de données numériques » qui sont ensuite transmis sur internet.

La montée du cloud depuis 2015 aurait pu offrir une deuxième chance aux opérateurs télécoms. Avec son potentiel de services, ses infrastructures à gérer, le besoin de souveraineté nationale aussi, une grande opportunité s'offrait à eux de remonter la chaîne de la valeur. Mais peu d'entre eux ont compris ce que le cloud pouvait amener à leurs clients… et leur rapporter à eux, opérateurs.

Ils ont donc continué à se concentrer sur les réseaux. Non sans certains succès. Le réseau des télécoms, surtout câblé, mais aussi récemment mobile (avec les quatrième et cinquième générations des réseaux GSM), permet de transmettre des données à très grande vitesse. Mais Cette rapidité de transmission a cependant rendu progressivement possible la centralisation de la puissance de calcul et de stockage des informations chez des professionnels à distance. Et c'est bien cette possibilité de gérer à distance son système d'information et ses données pour autrui, ou avec autrui, qui constitue le nouveau réseau et le grand créateur de nouveaux modèles économiques.

***

Les raisons du succès du cloud sont nombreuses.

Avant, lorsqu'un logiciel évoluait, il fallait effectuer la mise à jour sur chaque machine. Avec le cloud, le logiciel est centralisé. On le modifie une fois et le changement est partagé immédiatement avec tous ceux qui l'utilisent à distance. Avant, il fallait investir dans du matériel à amortir et changer régulièrement. Avec le cloud, on achète ce dont on a besoin quand on en a besoin (et, dans la comptabilité des entreprises, les investissements en capital deviennent des dépenses opérationnelles). Avant, certaines compétences rares étaient inaccessibles pour bien des entreprises. Avec le cloud, les services à distance permettent d'externaliser ces compétences. Avant, la sécurisation d'un parc d'ordinateurs était une opération coûteuse et techniquement complexe. Avec le cloud, on dispose d'une infrastructure plus facile à sécuriser.

D'autres bénéfices se combinent à ceux-ci. Il est plus facile de garantir la qualité, d'innover et d'aller vite avec des processus centralisés, que tout le monde utilise. Les petites entreprises peuvent disposer à coût variable du même système d'information que les plus grandes – vous pouvez bénéficier de la même puissance de calcul que la Nasa sans avoir à investir dans du matériel ni des logiciels. N'importe quel territoire, même économiquement fragile ou peu développé, peut se doter de logiciels et de systèmes d'information d'avant-garde dès lors qu'il dispose d'un accès à internet. Les barrières à l'entrée et à l'innovation ont changé de nature avec le cloud. Google, Facebook, YouTube ainsi que les secteurs du *gaming* en ligne et des applis mobiles ne pourraient pas exister sans.

Si, comme internet, le cloud s'est diffusé très rapidement, il lui aura aussi fallu des décennies pour que les conditions de son développement soient réunies. Il est le fruit de la lente évolution des services et des technologies. L'informatique s'est imposée dans les bureaux progressivement mais inexorablement, comme un fleuve qui grandit et dont on peut, peut-être, dévier le cours, mais que l'on ne peut arrêter.

Le premier ordinateur de bureau fut l'Olivetti Programma 101, fierté de l'Italie. Présenté en juin 1965, il a été le premier ordinateur à la fois personnel, commercial, numérique et programmable disposant d'une capacité de stockage de données. Avec l'arrivée des microprocesseurs en 1972, l'informatisation s'accélère. La miniaturisation progressive, la rapidité de gestion de la donnée et le développement de langages de programmation puis de logiciels destinés à des tâches bien spécifiques ouvrent la voie à l'usage de l'informatique pour les tâches répétitives de gestion administrative – solde, comptabilité, gestion des stocks, statistiques…

Cette époque inaugure l'ère des progiciels (pour « produits logiciels »). Des années 1970 à 1990, ils permettent de gérer des tâches de plus en plus complexes. Quarante ans s'écoulent entre les premiers progiciels de l'ingénieur allemand Konrad Zuse et son mythique Z1 (1936) visant à automatiser la facturation et la comptabilité, et l'arrivée des ERP (Enterprise Resource Planning, c'est-à-dire des progiciels de gestion intégrés – du type SAP) qui permettent de gérer tous les processus d'une entreprise en intégrant l'ensemble de ses fonctions, dont la gestion des ressources humaines, la gestion comptable et financière, l'aide à la décision, mais aussi la vente, la distribution, l'approvisionnement et le commerce électronique…

L'évolution des programmes de gestion et des parcs informatiques conduisit les grandes entreprises, surtout les multinationales, à comprendre que leurs compétences informatiques étaient limitées, que recruter des informaticiens était difficile et qu'il fallait ensuite les manager, ce qui demandait de nouvelles compétences dans ce domaine. Certaines firent le choix d'externaliser ces tâches en confiant à des prestataires externes la gestion de leurs processus administratifs et du système d'information afférent – c'est ce qu'on appelle l'infogérance ; elle constitue une réponse adaptée, les grandes entreprises y gagnant en compétitivité et en efficacité.

Pendant que les logiciels évoluent en progiciels puis en ERP, les langages de programmation progressent. À l'origine, ils visent à automatiser des calculs. Puis ils commencent à compiler des tâches de plus en plus complexes. Jusqu'à aider des machines à communiquer entre elles ou à proposer un protocole de transmission et gestion de l'information commun au niveau mondial, le protocole TCP/IP (Transmission Control Protocol/Internet Protocol), qui permet la naissance du réseau internet et du cloud.

Dès lors, les ingénieurs se mettent à penser l'informatique différemment.

Tels des cuisiniers qui examinent leurs frigos en se demandant ce qu'ils pourront bien mitonner avec les ingrédients dont ils disposent, ils observent plus qu'ils n'inventent et repensent leur métier et l'architecture des entreprises.

Avec les progiciels, chaque fonction devient un métier en soi. Salesforce naît ainsi, en se concentrant sur l'amélioration des services de relation clients, et devient le leader mondial des logiciels dans ce domaine (CRM pour Customer Relationship Management). SAP se spécialise dans l'administration comme service et devient même en 2024 la première capitalisation boursière allemande, – devant Mercedes et Volkswagen. Et ainsi de suite pour toute autre fonction d'entreprise automatisable. Naissent ainsi des entreprises centrées sur l'optimisation d'un processus, capables de le rendre efficace et efficient. Cette compétence étant automatisée, elle est aisément transférable. Ces sociétés commercialisent ainsi leurs solutions dans le monde entier en utilisant internet.

***

Les compagnies spécialisées dans le service informatique ne sont pas les seules à se saisir du filon. Amazon, énorme utilisateur de plateformes cloud pour assurer ses propres services, a ainsi choisi de proposer son savoir-faire au marché. Jusqu'à devenir le leader mondial des plateformes cloud pour les entreprises, générant même des profits plus importants dans ce métier que dans le commerce et la logistique ! Microsoft et Google en ont fait autant.

Quelques années plus tôt, jamais elles n'auraient imaginé que les services et plateformes cloud deviendraient leur métier de base tout autant que la recherche sur internet ou les logiciels de bureautique. Google a fait le pari du cloud très tôt, dès 1998, mais pour soi, pas comme service à fournir à ses clients. Le raisonnement était le suivant : au lieu d'investir dans un grand ordinateur complexe que l'on utilise rarement à plein régime, pourquoi ne pas recourir à un réseau d'ordinateurs connectés ? Le coût marginal devient moins élevé, on accède à plus de capacité plus vite, on peut dessiner l'architecture en fonction du besoin… Autre bénéfice : mieux répondre aux pics de demandes ou aux irrégularités saisonnières. Un service comme WhiteWall (impression de photos en ligne de haute qualité), par exemple, voit sa demande décuplée au mois de décembre. Dimensionner tout son système d'information pour répondre à cette augmentation ponctuelle rend son activité économiquement non viable. Alors que louer la capacité de calcul nécessaire « à la demande » permet de faire face aux pics occasionnels.

Bien évidemment, aucun des systèmes que nous décrivons, depuis le début, n'aurait pu fonctionner sans langage commun, comme nous l'avons exposé en racontant l'histoire du web. Pour faire simple, c'est bien ce langage (appelé HTTP/IP pour Hypertext Transfer Protocol/ Internet Protocol) qui rend possible la collaboration, l'interopérabilité et la portabilité des données. Comme le langage commun de Babel, le protocole permet aux machines de se comprendre et donc de partager des informations mais aussi des outils, des méthodes.

La meilleure preuve de l'importance de ce langage commun est l'impact qu'internet a eu dans nos vies, notre économie, notre société.

***

Le protocole internet et le cloud ont permis au téléphone de devenir le « couteau suisse » qu'il est aujourd'hui. Un outil dont le nombre de fonctions augmente chaque jour et qui a donné à son tour naissance à l'internet des objets (Internet of Things – IoT). Les utilisateurs d'applications mobiles peuvent choisir de télécharger jusqu'à 2,6 millions d'applications Android et 2,2 millions d'applications iOS. App Annie (société spécialisée dans l'analyse de données mobiles) évalue le nombre total de téléchargements d'applications en 2019 à 204 milliards (+ 5 % en un an).

L'existence d'un langage commun n'empêche cependant pas certains fournisseurs de tenter d'imposer des standards – ce qu'on appelle le *vendor lock-in*, le verrouillage d'un service par un fournisseur.

Prenons le cas de la musique ou des jeux vidéo. Combien de fois avez-vous acheté le même morceau de musique sur disque vinyle, puis sur cassette, puis sur CD, puis sur DVD, puis dématérialisé sur une plateforme, puis toujours dématérialisé sur une autre plateforme ?

Si vous aimez la musique et êtes âgé de plus de 40 ans, vous avez dû payer une dizaine de fois pour conserver le meilleur accès à vos morceaux favoris. De même, si vous êtes amateur de jeux vidéo et voulez passer, par exemple, d'une console Sony à la console Microsoft, vous devrez racheter tous vos jeux préférés – le plus souvent, cela vous dissuade de changer d'appareil.

Ce modèle économique a volé en éclats avec l'arrivée des services de streaming. On n'achète plus un morceau spécifique ou un jeu, on s'abonne à un service d'accès à tous les morceaux de musique ou jeux vidéo à la demande. Cette formule est particulièrement intéressante quand la « bibliothèque » à laquelle vous vous abonnez est suffisamment fournie, comme c'est le cas par exemple pour la musique. Ça ne l'est pas encore pour les séries et les films, et vous devez cumuler les abonnements pour étendre votre liberté de choix auprès d'opérateurs (Netflix, Prime Video, Apple TV, Disney+, etc.) qui, tous, cherchent à vous attirer et à vous fidéliser en diffusant des contenus exclusifs que vous ne trouverez pas ailleurs.

La multiplication des plateformes crée-t-elle une concurrence bénéfique pour le consommateur ? Est-ce la concurrence entre producteurs de contenus ou entre plateformes qu'il faut réguler ? Autrement dit : faut-il contrôler ou favoriser l'interopérabilité et l'échange de données si l'on veut éviter les *lock-in* de standards préjudiciables pour les consommateurs ? Autant de questions qui se posent aux régulateurs et sur lesquelles nous reviendrons. Elles sont d'autant plus complexes que d'autres *lock-in* dépendent justement de la réglementation. Par exemple, la sécurité ou les règles de localisation. Dès que l'on change de fournisseur ou d'environnement, la certification de sécurité ou de localisation doit être refaite.

D'autres formes de *lock-in* peuvent encore dépendre des conditions contractuelles fixées par les opérateurs et qui rendent coûteux ou complexe de changer de prestataire de services. Des licences, par exemple, qui ne sont valables que dans certains environnements opérationnels. Mais aussi le degré de personnalisation d'un service par un fournisseur ou la quantité de données à transférer quand on change de fournisseur (qui génère des coûts).

Les antidotes au risque de *lock-in* ? Multicloud, travail avec plusieurs fournisseurs, localisation de certaines données, souveraineté, choix d'interfaces interopérables, normes ouvertes, logiciels libres…

***

Au fil de ces années de consolidation des infrastructures, de nouvelles fonctionnalités apparaissent, avec plus ou moins de succès, reposant sur l'accès à la puissance de calcul et de mémoire du cloud que l'on peut utiliser pour résoudre une myriade de petits et grands problèmes de la vie quotidienne.

Après l'ordinateur et le téléphone portable, c'est désormais le moment pour la voiture de se connecter à internet. Une voiture connectée, c'est à terme une voiture qui a accès à toute la musique imaginable, qui peut guider ses usagers en temps réel, communiquer avec son constructeur pour assurer une maintenance optimale et prévenir les pannes. Elle peut aussi devenir un objet évolutif que l'on améliore progressivement par logiciel. À terme, une voiture qui se met à jour, s'entretient et se conduit toute seule.

Le premier objet que le monde de la tech pensait connecter à internet fut néanmoins… le réfrigérateur. Les années 2010-2015 fourmillent de promesses de libération des corvées de courses et de gestion de ses stocks de denrées périssables. En vain. Car même avec des systèmes de code-barres ou des caméras « intelligentes », il n'est pas si aisé de recenser le contenu d'un frigo (la robotique butera longtemps sur un autre défi en apparence bénin : défaire et refaire un lit). Explication : au défi technique s'ajoute une question de comportement humain. Il n'est pas simple de demander à une famille d'adopter la discipline nécessaire au fonctionnement de code-barres ou de caméras. Et quand bien même on parvienne à recenser le contenu d'un frigo, on n'a pas forcément le désir, ni la possibilité, d'acheter continuellement les mêmes aliments.

Au-delà de la cuisine, la domotique en général fut, très tôt, au cœur des progrès imaginés par ce qu'on n'appelait pas encore l'IoT (Internet of Things – internet des objets). L'internet des objets ? C'est un réseau d'appareils physiques (objets) équipés de logiciels et de capteurs spéciaux qui leur permettent de se connecter entre eux et de partager des données. Tout objet est susceptible de faire partie de l'IoT, des gadgets pour la « maison intelligente » aux outils technologiques industriels, dès lors qu'il peut être connecté à internet. Ces appareils IoT communiquent entre eux de la même manière que les ordinateurs et les smartphones envoient et reçoivent des informations sans intervention humaine.

Systèmes de sécurité, thermostats, volets… Mais comment savoir quels objets se connecteront à internet le plus vite ? Et lesquels suivront quand les progrès techniques rendront leur connexion plus simple ou plus efficace ? Hormis l'avantage économique et la simplicité d'usage, c'est bien, comme toujours, l'importance du problème résolu qui demeure le meilleur prédicteur d'adoption de la digitalisation d'un objet (comme d'un service).

Gérer son chauffage ou son système de sécurité par téléphone portable est simple, permet de faire des économies et procure un vrai confort ; ces usages se développent vite. Gérer le réfrigérateur prend du temps parce que c'est techniquement moins simple à faire, que l'avantage économique est moins évident et surtout parce que le problème à résoudre est plus difficile à cerner – comment choisir quoi acheter ? Quand ? Et si nous partons en vacances ? Comment gérer un repas entre amis ?… Sans même parler du plaisir social que l'on peut prendre à faire son marché.

***

L'internet des objets décrit le lieu de rencontre des mondes réel et digital, à travers ce que l'on a appelé un système « cyber-physique ». Exemple : l'assemblage d'une voiture est une activité on ne peut plus physique. Elle existe dans le réel, quand on assemble dans une usine les différents éléments qui composent un véhicule. Mais imaginons à présent que l'on mette des capteurs sur chaque pièce qui compose ce véhicule, et que ces capteurs soient programmés pour relever, en permanence, un certain nombre d'informations qui pourraient être utiles (par exemple : la température, l'âge du composant, la vitesse de son assemblage précédent, etc.). Ces informations sont collectées par les capteurs à travers un réseau qui fonctionne comme internet (l'IoT) et analysées par un programme informatique. Celui-ci pourra détecter que les pièces sont défectueuses, qu'elles vont se briser, ou qu'il faut en commander de nouvelles dès à présent pour éviter de perturber l'assemblage. Les capteurs transmettent les informations du monde physique et les envoient dans le monde digital pour que des ordinateurs puissent effectuer ce travail d'analyse et comprendre de mieux en mieux le comportement des pièces concernées. C'est à cela qu'ils servent et c'est pour cela qu'ils sont la base de l'industrie dite 4.0 : ils connectent le monde physique et le monde digital.

Tous les usages que l'industrie 4.0 rend possibles (la maintenance prédictive, la thérapie digitale, la virtualisation…) ont eux aussi besoin de données pour fonctionner. Et, pour le dire simplement, plus on a de données, plus les algorithmes qui les traitent sont efficaces. La donnée est donc à la fois une information « entrante » mais aussi un carburant et un guide pour sa propre amélioration. Prenons l'exemple de la maintenance prédictive : poser un capteur pour évaluer l'état d'une pièce de rechange. Autre exemple : gérer ses stocks en recevant des alertes quand la consommation d'un composant ou la quantité présente dans un stock baissent. Chaque phase de l'évolution s'appuie sur les précédentes. L'IoT ne se contente donc pas de multiplier le nombre de données disponibles, il en augmente la qualité. Formulé autrement : c'est en diffusant un plus grand nombre de données que les capteurs permettent de transmettre une meilleure information, plus complète, un peu comme l'augmentation de la quantité de pixels qui forment une image en améliore la définition.

Le développement de l'IoT joue un rôle sans doute méconnu du grand public mais absolument essentiel dans ces progrès. Il permet de capter un très grand nombre d'informations sur un phénomène et de mieux le comprendre. Les constructeurs de fusées de la Nasa, par exemple, se sont servis de cette idée pour reconstituer un de leurs prototypes de fusée dans le monde virtuel – ce qu'on appelle un « jumeau digital ». En amassant, grâce à l'IoT, une pléiade de données sur le fonctionnement du moteur, sur l'espace, sur les réactions des métaux et les lois de la physique, ils ont pu réaliser une simulation parfaite de la manière dont la fusée réagirait en s'élevant dans l'espace. Le tout, sans avoir eu à assembler la moindre pièce dans le monde physique.

L'internet des objets a pour l'heure plus de succès dans ses applications industrielles que domestiques. Peut-être vous souvenez-vous de la « mode », en 2012, des Google Glass – les lunettes connectées de Google. Elles disposaient de caméras, d'écouteurs, d'un petit écran « monocle » (peu confortable) et offraient plusieurs fonctions : mail, visioconférence... Une petite caméra frontale permettait aussi de partager ce qu'on voyait ou de prendre des photos. Elles servaient également de GPS, étaient pilotables avec la voix et on pouvait bien sûr utiliser le moteur de recherche de Google. On imaginait même alors que les mouvements des yeux ou de la tête pourraient les commander et déclencher certaines actions : par exemple pour aider des personnes souffrant d'un handicap moteur à commander une chaise roulante ou à conduire un véhicule.

Dès leur lancement, elles eurent à affronter un violent tir de barrage. On les accusa de violer potentiellement la vie privée (elles pouvaient filmer en permanence sans que cela se voie). Les casinos les ont immédiatement interdites pour éviter les tricheries durant les jeux, les écoles pour éviter la fraude aux examens. Les restaurants et les boîtes de nuit ont rapidement suivi pour des raisons de protection de la vie privée. L'inquiétude gagna également les porteurs des lunettes eux-mêmes : on pouvait les suivre à la trace, leurs informations personnelles risquaient de se retrouver sur le Net ou hors de leur contrôle. Sans parler des regards suspicieux des personnes qu'ils croisaient, qui avaient l'impression d'être espionnées car potentiellement écoutées, prises en photo ou reconnues par un logiciel de reconnaissance faciale ou visuelle !

Ne sachant comment maîtriser ce risque accru, et sans doute aussi à cause d'un agrément d'usage limité (le petit écran placé au-dessus de la lentille droite était difficile à regarder) et d'un coût encore élevé, le marché ne se révéla pas prêt pour les Google Glass de 2012. Elles furent donc abandonnées en 2015 en faveur de versions professionnelles. Et elles trouvèrent leur usage, devenant par exemple un instrument important pour les médecins afin de guider des actes médicaux à distance, mais également dans la fabrication d'objets, le contrôle qualité ou de conformité.

Les Google Glass et les téléphones portables furent les premiers objets amenant la connexion internet sur le corps humain en donnant naissance à ce que l'on a appelé la réalité augmentée, dont le principe est de combiner le virtuel et le réel et de donner l'illusion d'une intégration parfaite – corporelle – à l'utilisateur.

Ce rapprochement ultérieur entre le virtuel et le réel sera une des briques fondatrices du métavers comme de « l'humain augmenté » – une sorte de super-humain qui aurait une meilleure vision, dépasserait ses limites physiques en motricité, jugulerait les effets du vieillissement, collecterait en temps réel des données sur son état de santé et pourrait ainsi prévenir certaines maladies, des attaques cardiaques à l'obésité.

Afin d'approcher les nouvelles frontières du web de nos jours – l'intelligence artificielle et le métavers –, arrêtons-nous dans le prochain chapitre sur cette réalité augmentée.

Strate #5 :

AUX FRONTIÈRES DU RÉEL

(Réalité augmentée et réalité virtuelle)

« La réalité virtuelle est le rêve de l'humanité de plonger dans une autre dimension où le possible dépasse le réel. »

Kevin KELLY,
cofondateur du magazine *Wired*

Le métavers est l'enfant naturel de l'IoT, de la réalité virtuelle et de la réalité augmentée. Ce mot, métavers, décrit un environnement virtuel qui sera bien plus proche de la réalité que ne le sont les environnements virtuels actuels. Un « Deuxième Monde », comme l'avaient baptisé les créateurs du premier monde virtuel en Europe. Créé en 1997 par Canal+, il s'agissait d'une reconstitution de Paris en 3D dans laquelle vous vous promeniez (enfin… dans laquelle votre avatar se promenait). Ce petit rappel historique illustre, là encore, la question centrale du « moment » et de la maturité des technologies : l'internet de 1997 n'avait ni la capacité, ni les usagers, ni les modèles économiques susceptibles d'assurer la survie de cette première expérience.

Aujourd'hui, le lien entre mondes virtuel et réel est devenu permanent. À travers l'IoT, les mondes virtuels collectent une quantité inimaginable de données du monde réel. À l'image de la virtualisation de la fusée, citée au chapitre précédent, plus on arrive à placer de capteurs dans le monde physique, mieux on réussit à cartographier le réel et ses lois. C'est grâce à L'IoT que l'on ancrera le métavers dans le réel.

La réalité augmentée, elle, consiste à renforcer la réalité avec des éléments virtuels (sons, images 2D, 3D, vidéos, etc.) calculés par un système informatique en temps réel. Elle désigne souvent les différentes méthodes qui permettent d'incruster de façon réaliste des objets virtuels dans une séquence d'images. Elle s'applique aussi bien à la perception visuelle (superposition d'images virtuelles aux images réelles) qu'aux perceptions sensorielles comme les perceptions tactiles ou auditives. Ces applications sont multiples et touchent de plus en plus de domaines, tels que les jeux vidéo, l'éducation par le jeu, le cinéma et la télévision, le tourisme, le design, le pilotage, l'industrie ou la médecine…

La réalité virtuelle est, au contraire, une technologie informatique qui simule la présence physique d'un utilisateur dans un environnement artificiellement généré par des logiciels. La réalité virtuelle crée un environnement avec lequel l'utilisateur peut interagir, reproduisant artificiellement une expérience sensorielle, qui peut inclure la vue, le toucher, l'ouïe et même l'odorat.

En somme, chacune est le miroir de l'autre : la réalité augmentée ajoute des éléments virtuels dans un environnement réel alors que la réalité virtuelle crée un environnement réel ou imaginaire.

***

Le métavers peut ainsi être défini comme le lieu où la réalité virtuelle invite l'humain à vivre une nouvelle expérience sensorielle.

Le mot a été inventé par un écrivain de science-fiction que nous avons déjà cité : Neal Stephenson, dans *Snow Crash* (*Le Samouraï virtuel*). Il s'agit d'un mot-valise qui fusionne *meta* (« ce qui dépasse ou englobe », en grec) et le *verse* de *universe* (« l'univers », en anglais). Métavers : dépassement des contraintes et limites de notre monde dans un monde virtuel. Comme une nouvelle chance pour chacun de réussir dans un nouvel environnement.

Matthew Ball, du Makers Fund (le plus grand fonds d'investissement au monde dédié aux jeux vidéo), a proposé en 2021 une définition plus technique : « Un gigantesque réseau interopérable de mondes virtuels affichés en 3D en temps réel, qui peut être vécu de manière synchrone et persistante par un nombre illimité d'utilisateurs, avec une sensation de présence individuelle et une continuité de données, comme l'identité, l'histoire, les droits, objets, communications et paiements. »

Pour vous faire une idée, nous vous proposons de visualiser la scène suivante : vous mettez des lunettes 3D et vous entrez dans un environnement qui reproduit votre ville pour aller y combattre des envahisseurs, assister à un concert tout en restant chez vous, ou encore simuler un vol en avion. Allons plus loin : ajoutez aux lunettes une combinaison qui interagit avec vos terminaisons nerveuses (une combinaison dite « haptique ») et vous éprouvez la sensation du toucher en plus de celle de la vue, ce qui permet d'augmenter la sensation de réalisme de l'expérience. On peut imaginer de l'utiliser pour former des médecins à un geste opératoire ou des ouvriers à une tâche manuelle complexe, ou pour entraîner des sportifs. Ou encore pour simuler des activités sexuelles (et les stimuler).

Sommes-nous plus proches de l'avènement du métavers que Canal+ en 1997 avec son *Deuxième Monde* ?

Techniquement oui, à l'évidence. Mais pour atteindre un nombre illimité d'utilisateurs qui opèrent en même temps et avec une continuité de leur identité, il manque encore quatre ingrédients. D'abord une qualité de réseau homogène et de grande vitesse, au moins dans les principales villes du monde et leurs alentours ; nous en sommes loin. Ensuite l'interopérabilité des différents objets et codes définissant l'identité de chacun et permettant de progresser au sein du monde ou des mondes virtuels (nous n'allons pas acheter de nouveaux accessoires virtuels pour habiller notre avatar continuellement !). Troisième manque : des algorithmes capables de faire vivre l'expérience du monde virtuel à tous nos sens. Les progrès accomplis depuis les premiers graphismes des jeux des années 1980 sont hallucinants et les lunettes de réalité virtuelle s'améliorent progressivement, mais il y a encore fort à faire pour que l'expérience du virtuel rappelle vraiment celle du réel. Enfin et surtout (à ce stade de votre lecture, vous nous voyez venir) : des raisons d'aller dans le métavers. Pour le dire « à la Google » : l'identification des « problèmes résolus » dans et par le métavers.

Meta (nouveau nom de Facebook) avance dans ses publicités pour le métavers deux applications concrètes de masse, en plus du jeu : la médecine et la formation. Apprendre l'histoire en participant à la bataille de Waterloo de manière virtuelle. Découvrir le corps humain en voyageant à l'intérieur et ainsi former des chirurgiens.

Faire répéter à un sportif un geste tant qu'il ne le maîtrise pas à la perfection.

Mark Zuckerberg y croit dur comme fer. Il voit dans le métavers son futur et celui d'internet, et c'est la raison pour laquelle, en 2021, il a rebaptisé « Meta » l'entreprise qu'il a fondée et qu'il dirige : « Des opportunités et des avantages que nous ne pouvons concevoir à ce stade verront également le jour, qu'il s'agisse d'interaction, de création, d'apprentissage ou de bonheur. Nous devons tous travailler ensemble, dès le début, pour concrétiser cette meilleure version possible du futur. [...] Nous souhaitons donc changer les règles du jeu en permettant à chacun d'être présent, peu importe où il se trouve, que ce soit sous forme d'hologramme – assis juste à côté de vous lors d'une réunion en présentiel – ou bien dans une discussion dans le métavers. Je pense que cela peut représenter une grande avancée pour notre société et notre économie. Il nous semble primordial de permettre aux personnes, où qu'elles habitent, d'accéder à des offres d'emploi dans plus d'endroits pour étendre leurs opportunités professionnelles[1]. »

Dans un premier temps, la prédiction de Mark Zuckerberg n'a pas eu l'heur de convaincre le marché boursier : proche de 325 dollars le 18 octobre 2021, la valeur de l'action avait plongé à environ 133 dollars un an plus tard, soit une perte d'environ 60 % de la valeur en un an et de presque 70 % par rapport au pic de valeur de 383 dollars du 8 septembre 2021. Il s'agit d'une perte de valeur en Bourse faramineuse, qui dépasse les 600 milliards de dollars.

L'alerte fut surmontée. La capitalisation boursière de Facebook de novembre 2022, 310 milliards, s'est

1. Mark Zuckerberg, discours d'ouverture de Connect 2021.

spectaculairement redressée en passant à 909 milliards en décembre 2023 et à 1 500 milliards à la fin d'octobre 2024. Ce rétablissement illustre la capacité de Facebook à se repositionner rapidement sur l'IA et sur les usages avancés qu'elle permet, tout en gardant du métavers ce qui rationnellement fonctionne – la réalité augmentée et les usages professionnels cités. Facebook (Meta) était, à la fin de 2020, la sixième capitalisation boursière mondiale, avec environ 780 milliards de dollars. En octobre 2024, Meta est la septième capitalisation boursière mondiale avec environ 1,5 trillion de dollars, pas loin du double de 2020, et une position perdue.

Notons au passage qu'Apple affichait une capitalisation boursière de 2,3 trillions de dollars à la fin de 2020 et 3,5 en octobre 2024. Microsoft passe de 1,7 trillion à la fin de 2020 à 3,07 trillions en octobre 2024 et Alphabet (Google) se situait à environ 1,2 trillion en 2020 pour atteindre 2,05 trillions en octobre 2024. Amazon avait une capitalisation de 1,6 trillion à la fin de 2020 et 1,84 en octobre 2024.

La progression la plus impressionnante est toutefois celle du fabricant de puces Nvidia, qui passe de 320 milliards de dollars à la fin de 2020 à 3,1 trillions en octobre 2024. Cette augmentation, l'une des plus rapides dans l'histoire de la technologie pour une entreprise de taille si importante, est entièrement liée aux résultats et aux attentes d'évolution de l'intelligence artificielle.

***

Mais revenons au métavers.

La contre-performance boursière initiale de Facebook souligne la méfiance des marchés devant le métavers.

Elle s'explique aussi par des raisons spécifiques à Meta. Comme nous l'avons déjà indiqué, 2022 aura été une *annus horribilis* pour la tech. Meta a cependant vu sa valorisation boursière fondre plus vite et plus fort que les autres champions de la Silicon Valley. Les facteurs sont multiples. La croissance mondiale de TikTok, le réseau social chinois, est cette année-là à l'origine de la première décroissance du chiffre d'affaires publicitaire de l'histoire de Facebook (dès juillet). TikTok apporte une alternative publicitaire à Meta ; cette nouvelle concurrence a impacté la croissance de la firme californienne et modifié les relations clients. Les changements d'Apple en matière de vie privée ont aussi eu un effet. À partir d'iOS 14 en 2020 (14e génération du logiciel de gestion des iPhone et iPad), Apple conditionne, en effet, à un consentement individuel l'accès des annonceurs aux identifiants individuels, nécessaires pour toute forme de publicité ciblée sur ses produits.

Les presque 10 milliards de dollars dépensés en un an par la division Réalité augmentée de Facebook contrastent avec la réaction plus que mitigée des premiers « métaversenautes » qui visitent l'univers virtuel de Facebook, baptisé *Horizon Worlds*. Car ce monde virtuel est vide. On s'y ennuie. Le site d'information spécialisé *The Verge* révèle alors que Facebook n'arrive même pas à convaincre ses propres employés de faire régulièrement un tour sur *Horizon Worlds*.

Ce revers signe-t-il la fin du métavers ? Rien n'est moins sûr. Rappelons qu'après le *Deuxième Monde* de Canal+, la société Linden Lab avait lancé, en 2003, *Second Life*. Encore une fois, l'expérience n'était pas assez fluide et ce métavers en 3D gratuit, qui permettait d'incarner des personnages virtuels dans un monde cocréé avec les autres résidents, n'a pas décollé, mais il se poursuit avec, à ce jour, 600 000 internautes.

***

Sa création avait pourtant fait sensation. Pour le monde de la tech, l'idée de faire construire un monde virtuel par les résidents eux-mêmes semblait géniale. Faire travailler ses clients pour soi gratuitement est une des caractéristiques des plateformes et une tentation récurrente dans la Silicon Valley.

Second Life est en fait un hybride – moitié jeu, moitié réseau social ; un jeu d'interactions entre ses habitants qui en produisent le contenu et doté d'une monnaie virtuelle (le Linden dollar). Vous créez votre avatar puis faites sur *Second Life* presque tout ce que l'on peut faire dans la vraie vie : regarder des films, écouter de la musique, aller à des fêtes, vendre et acheter des objets, créer un contenu, etc.

Initialement réservé aux adultes, *Second Life* s'est ouvert aux jeunes en 2005 avec une version *teens* (adolescents) – qui fit un flop. Mais la version adulte continue de fonctionner. Et l'ébauche d'une économie a émergé : en 2015, l'équivalent de 60 millions de dollars de « Linden dollars » avait été échangé contre des dollars réels.

Ce qui entrave le développement de ce métavers tient, une fois encore, à l'absence de réponse nette à la question : « Quel problème résout-il ? » La promesse initiale – « faites ce que vous voulez » – mène rapidement à l'ennui.

Reste le moteur de croissance généralement passé sous silence alors qu'il est majeur sur internet : le sexe. « [Il] est omniprésent dans le jeu, constate en 2016 *Le Monde*. Si certains espaces ne sont accessibles

– officiellement – qu'aux joueurs de plus de 18 ans, des publicités pour des services sexuels pullulent dans *Second Life*. Le jeu est ainsi devenu une porte d'entrée vers des échanges érotiques payants par voix ou par webcam[2]. »

Problème : depuis, l'arrivée des combinaisons haptiques, qui reproduisent la sensation physique du toucher, ont pris le relais. Elles sont généralement composées d'un casque de réalité virtuelle qui permet de s'immerger dans l'environnement virtuel avec une vision à 360 degrés et d'un détecteur de mouvement, auxquels s'ajoutent une combinaison « corps entier », ou uniquement des manches ou des gants ou des chaussons, ainsi qu'une panoplie de senseurs produisant des sensations. Si, dans le monde virtuel, vous interagissez avec un autre résident qui vous touche l'épaule, vous le ressentirez à travers la combinaison. Une combinaison haptique peut aussi faire ressentir la température, des vibrations, des mouvements directionnels. Si vous mettez votre combinaison et marchez dans la neige, la température baissera.

La combinaison haptique la plus vendue serait – sans surprise – spécialisée dans le porno. En plus d'un costume recouvrant l'ensemble du corps pour permettre de recevoir des retours haptiques, cette panoplie intègre un sex-toy motorisé de type vagin artificiel. Elle propose également une paire de faux seins, placée au niveau du torse, pour permettre à l'utilisateur de palper la poitrine des créatures plantureuses qu'il contemple en réalité virtuelle.

---

2. M. Tual, « Absurde, créatif et débauché : Dix ans après, "Second Life" est toujours bien vivant », *Le Monde*, 21 avr. 2016, https://www.lemonde.fr/pixels/article/2016/04/28/absurde-creatif-et-debauche-dix-ans-apres-second-life-est-toujours-bien-vivant_4909910_4408996.html.

Précisons néanmoins que les combinaisons haptiques peuvent aussi être utilisées dans la rééducation motrice, la formation professionnelle et divers usages de plus grande valeur sociale.

***

Nous aborderons dans la deuxième partie de ce livre les questions sociétales et éthiques que ces technologies soulèvent, mais posons d'ores et déjà que les risques d'addiction ou de confusion entre réel et virtuel sont à craindre dès que l'on parle de réalité virtuelle ou de réalité augmentée.

Vous compensez une vie âpre et modeste en devenant « quelqu'un » dans le métavers, vous chaussez vos lunettes virtuelles en imaginant vivre dans un penthouse avec vue sur la tour Eiffel, enfilez votre combinaison haptique pour frayer avec des créatures de rêve… Comment se passe le retour au quotidien ? À partir de quel stade devient-on tellement accro à cette vie virtuelle que l'on ne s'occupe plus de sa vie physique, où la « métavie » remplace la vie réelle ?

Ces questions prennent une acuité supplémentaire quand on pense aux jeunes qui, pour certains, utilisent déjà le virtuel pour compenser des frustrations dans le monde réel. Mécanisme sympathique et sans conséquence quand on se prend pour Kylian Mbappé dans une compétition de football virtuelle, nettement plus inquiétant quand on utilise le monde virtuel pour simuler des actes violents… Il semble que les opérateurs du secteur, conscients de ces risques, aient choisi d'éviter l'incitation à la violence ou à des formes de dépravation qui, parce que virtuelles, seraient moins graves que dans la vraie vie. Espérons qu'ils tiennent cette ligne.

La stagnation de *Second Life* et le retard à l'allumage de *Horizon Worlds* ne signifient pas que le métavers ne trouvera pas son public et son modèle économique, même si nous sommes encore loin d'un univers comparable à celui décrit par Neal Stephenson. Il n'y aura probablement pas avant très longtemps un seul métavers, destination unique pour toutes et tous – s'il y en a jamais un. Et c'est sans doute heureux, tant sont aigus les dangers d'une vie parallèle, une illusion de vie au sein de laquelle on tromperait jusqu'à nos sens avec des lunettes virtuelles et des combinaisons haptiques.

***

Les technologies de réalité virtuelle et de réalité augmentée, ainsi que les technologies haptiques, devraient néanmoins avoir un impact significatif dans nos vies professionnelles comme personnelles dans de nombreux domaines (médecine, formation, jeux, films et vidéos, tourisme, éducation...). Selon le cabinet d'études Gartner, 25 % des gens passeront au moins une heure par jour dans le métavers en 2026.

Le divertissement immersif, notamment, est déjà une réalité et il va continuer à se diffuser (avec le sexe, le jeu est l'autre activité majeure en ligne).

Les concerts *live* à domicile comme celui d'Ariana Grande sur *Fortnite* en 2021 vont se développer et devenir une nouvelle source de revenus pour les auteurs de musique. Les jeux interactifs (*RobotEra*, *Meta Masters Guild*, *The Sandbox*, *Decentraland*, *Fortnite...*) représentent déjà une économie importante fédérant des dizaines de millions d'usagers chaque jour. Bill Gates et Mark Zuckerberg prédisent, eux, que le métavers va s'inviter dans nos réunions en visioconférence et que nos avatars en 3D rencontreront bientôt leurs correspondants pour interagir de façon encore plus proche que lors des rencontres « en présentiel ».

Indice du potentiel des métavers : la publicité s'y implique de plus en plus. Plusieurs marques de mode et d'habillement ont déjà investi les jeux vidéo de type métavers ; des opérateurs du secteur financier ou de l'assurance également.

Le 24 mars 2022, une *fashion week* a ainsi été organisée dans *Decentraland*, métavers pourtant assez rustique créé en 2015 par les Argentins Ari Meilich et Esteban Ordano. Avec boutiques virtuelles, défilés retransmis en direct et ventes de NFT[3]. L'assureur Axa, pour sa part, a signifié son intérêt : « En tant que pionnier, nous allons explorer ce monde de demain sous plusieurs axes », a indiqué Frank Desvignes, directeur de l'open innovation, lors du salon E-Marketing Paris 2022. « D'abord, nous allons positionner notre marque dans le métavers. Nous commençons aussi à travailler sur des sujets autour de l'innovation et de la création de nouveaux types de services[4]. » L'idée d'Axa est de créer une nouvelle forme de dialogue avec ses clients et de nouveaux services pour

3. Le *non-fungible token* (NFT) est un fichier numérique auquel est attaché un certificat d'authenticité le rendant unique et non interchangeable ; cela permet d'attribuer une identification et une valeur à un objet ou à une œuvre d'art numérique ; l'identification numérique permet ensuite d'échanger, vendre ou acheter ce bien virtuel dans le métavers.

4. C. Auffray, P. Ducellier, « AXA explore le métavers », *LeMagIT*, 24 juin 2022, https://www.lemagit.fr/etude/AXA-explore-le-metavers.

protéger leur activité dans le métavers ou améliorer l'expérience client dans le monde réel (apprendre une technique pour minimiser des risques, vivre une expérience dans le métavers pour la comprendre avant de l'envisager dans le monde réel, etc.).

Les exemples que nous venons de citer nous montrent aussi que le métavers a besoin de contrôler l'identité de ses utilisateurs et de certifier les objets et les interactions. Un avatar doit être unique pour qu'un être humain puisse être identifié par son avatar et que d'autres puissent interagir avec lui. Une œuvre d'art ou un objet doivent être identifiables pour que l'on puisse leur attribuer une valeur.

***

Les promesses – le fantasme ? – du métavers ne sont pas près de disparaître. Non seulement en raison des progrès technologiques qui le rendront toujours plus immersif et réaliste, mais aussi parce qu'il répond à un rêve aussi ancien, peut-être, que l'humanité, celui de « transhumaner ». Le mot a été forgé par le poète italien Dante Alighieri. Il décrit le fait de se sentir affranchi des contraintes de notre condition humaine, de vivre dans un monde idéal où notre réussite est complète et où nous avons la chance de pouvoir vivre l'éternel recommencement. Il fut inventé par Dante pour décrire ce qu'il ressentait en entrant au Paradis, guidé par Béatrice. « Transhumaner ne pourrait par le verbe s'expliquer ; mais l'exemple suffira à qui la Grâce expérience réserve », écrit-il dans son *Paradis* (Chant I, v. 70-72). Il est possible que le « problème à résoudre » du métavers réside dans ce fantasme prométhéen.

Reste que pour transhumaner, nous avons donc besoin de développer une nouvelle infrastructure – le métavers – et des outils pour y évoluer : d'où l'importance de la réalité augmentée et de l'internet des objets.

Leur déploiement est accompagné par celui de nouvelles technologies : la blockchain, les cryptomonnaies et les NFT que nous venons de citer. Elles inaugurent une nouvelle phase de notre histoire d'internet.

Strate #6 :

MONEY, MONEY, MONEY

(Blockchain, cryptomonnaies et jetons non fongibles)

Tout édifice économique – et la monnaie en forme le cœur – repose sur la confiance. De ce point de vue, il était peut-être hardi de baptiser « cryptomonnaies » les devises récemment mises sur le marché virtuel ; on aurait sans doute gagné à conserver l'expression *cyber currency* (cybermonnaie) imaginée dans les années 1980, plutôt que d'emprunter au grec le préfixe crypto-, qui signifie « secret » ou « caché »…

La naissance de ces nouvelles monnaies est liée au développement du web dans les années 2000 à 2010. Une foule de questions accompagne l'émergence du commerce électronique (e-commerce). Comment établir un contrat en ligne ? Comment sécuriser les transactions ? Comment conserver des traces de ces transactions ? Comment garantir des paiements sûrs et immédiats ?

Peu à peu, les principaux freins au développement des achats en ligne sont levés, qu'il s'agisse de la fraude à la carte de crédit, de la fuite de données personnelles, de la légitimité des sites vendeurs, de la conformité des produits achetés aux attentes ou enfin des délais de livraison.

Dès les années 1990, de nombreuses tentatives de répondre à ces risques sont lancées. Amazon et sa qualité de service devenue légendaire a répondu aux problèmes de légitimité du vendeur et de qualité des produits. PayPal et son logiciel de cryptage a proposé une réponse aux risques de fraude et de fuite de données. Des logiciels de gestion des ventes comme Revolut, Monext ou Stripe ont permis aux vendeurs de présenter leurs offres aux internautes.

Si bien qu'en 2008, l'e-commerce arrive à maturité dans les pays développés. 22 millions de Français achètent sur internet cette année-là, soit près du tiers des habitants, et la croissance est de 12 % par rapport à 2007 (source : Fevad). Au Royaume-Uni, la bascule a déjà eu lieu : 53 % de la population achète en ligne en 2008 (87 % en 2020).

Mais la croissance des transactions en ligne semble aller toujours plus vite que l'évolution des contrats, la sécurisation des paiements et la gestion des données.

Deux nouveautés, intimement liées, apparaissent alors : la blockchain et le bitcoin.

***

La blockchain s'apparente à un énorme livre de comptes numérique infalsifiable. Chaque transaction y est enregistrée et certifiée. Pour les amateurs d'explications plus avancées : la blockchain est ainsi baptisée car elle est constituée d'une chaîne de blocs (ou de maillons, pour filer la métaphore de la chaîne) identiques et non modifiables. Tel un bracelet, elle est composée de ces maillons, reproduits sur des milliers voire des millions d'appareils connectés à internet (ordinateurs, téléphones, matériels spécialisés).

Chaque bloc – ou maillon – stocke un ensemble de données que la chaîne reproduit plusieurs fois à l'identique. C'est cet ensemble de blocs identiques qui garantit l'inviolabilité des données et sécurise les mouvements et transactions. Car si on veut ajouter une information ou en modifier une contenue dans un bloc, on doit ajouter un nouveau bloc – on ne peut pas modifier un bloc existant. C'est ce mécanisme qui rend la blockchain sûre. Le système se contrôle par comparaison des maillons, de manière décentralisée, grâce à la multiplication des maillons identiques de la blockchain. Toute modification de la chaîne comportant un nouveau bloc, les changements apparaissent évidents.

La blockchain remplace en fait les contrôles centralisés. Il est difficile, voire impossible, de mettre en place une autorité centrale pour un réseau aussi vaste et global qu'internet. Les législations diffèrent selon les pays, les juridictions des autorités nationales n'ont pas d'effet au niveau global... Le principe est donc de remplacer l'autorité de contrôle centrale – la banque centrale pour les monnaies nationales, les autorités des marchés financiers pour la Bourse, ou les notaires pour les contrats...

À quoi sert la blockchain ? À sécuriser l'usage des cryptomonnaies, à signer des *smart contrats*, à acheter des NFT (*non-fungible tokens*).

Détaillons.

La première cryptomonnaie, le bitcoin, est née avec la blockchain. Le bitcoin est un système de paiement de pair à pair, dans lequel les usagers peuvent anonymement s'échanger de la valeur, sans l'intervention d'une autorité tierce. L'objectif de ses créateurs était de permettre des paiements dans le monde entier, de manière peu coûteuse, immédiate, sécurisée, pour n'importe quel montant, en générant la confiance nécessaire. Il faut souligner que le bitcoin est né en 2008, année de la grande crise financière des subprimes. La confiance en l'État et en les autorités de régulation et de contrôle était alors au plus bas. Le moment était donc propice pour lancer une monnaie autogérée.

Le processus par lequel on crée un bitcoin requiert des ordinateurs très performants, capables de résoudre des problèmes mathématiques extrêmement complexes. L'activité qui consiste à créer un bitcoin renvoie aux origines de la Californie : on dit en effet que l'on « mine » un bitcoin. Filons la métaphore. Le minage de bitcoins consiste à « extraire » de nouvelles unités de la cryptomonnaie du réseau bitcoin comme on extrait un métal précieux de la terre. Les mineurs sont récompensés par de nouveaux bitcoins pour leur travail, similaire à l'extraction de ressources naturelles.

Le minage de bitcoins réclame une puissance de calcul importante et consomme beaucoup d'énergie, ce qui évoque aussi l'effort et les moyens nécessaires à l'exploitation minière traditionnelle. La difficulté du minage augmente aussi avec le temps, rendant l'obtention de nouveaux bitcoins de plus en plus difficile, process similaire à l'épuisement progressif des ressources naturelles. Enfin, les mineurs « découvrent » de nouveaux bitcoins en résolvant des problèmes cryptographiques toujours plus complexes, ce qui rappelle la découverte de nouveaux gisements dans l'exploitation minière.

La difficulté du minage a conduit les mineurs à se regrouper dans des coopératives (*mining pools*) pour combiner leurs ressources de calcul et construire plus rapidement de nouveaux blocs. La rémunération correspondant à la constitution de chaque bloc est ensuite répartie entre les membres, après prélèvement de frais, ce qui permet de lisser leurs revenus et rend ceux-ci moins aléatoires. En 2016, une dizaine de ces coopératives fournissait 95 % des blocs. Elles se trouvaient en grande partie en Chine, mais aussi en République tchèque et en Géorgie.

Le coût principal du minage de bitcoin réside dans l'énergie consommée au cours du processus de validation. Selon les estimations, le minage d'un seul bitcoin en France coûtait, en 2022, environ 6 900 euros d'électricité, ce qui s'explique quand on sait que pour miner un seul bitcoin, il faut en moyenne 1 200 jours de minage…

***

L'invention du bitcoin est attribuée à Satoshi Nakamoto, mais vous risquez fort de ne jamais le rencontrer : il s'agit d'un pseudonyme utilisé par la ou les personnes ayant développé cette cryptomonnaie. L'objectif, lui, est plus clair : créer une monnaie qui ne pourrait pas être sujette à des manipulations de la part d'institutions financières ou de gouvernements et qui pourrait, à terme, remplacer les monnaies traditionnelles. La solution reposait donc, selon « Nakamoto », sur un « système de paiement électronique fondé sur une preuve cryptographique permettant à deux parties d'effectuer des transactions directes entre elles, sans la nécessité d'un tiers de confiance ». Le(s) créateur(s) a/ont promis de ne miner que 21 millions de bitcoins afin de donner à cette monnaie une rareté assimilable à celle d'un métal précieux.

Problème : pour que le bitcoin se substitue aux monnaies existantes et/ou qu'il devienne une valeur de référence, il faudrait qu'il soit raisonnablement stable. Or il est extrêmement volatil : le bitcoin est devenu un objet de spéculation. Suivez la courbe : en février 2011, 1 bitcoin valait 1 dollar. Dix ans plus tard, en février 2021, il valait 50 000 dollars (et même 67 000 dollars le 19 octobre 2021). À la fin de 2022, il a chuté à 16 000 dollars. Pour remonter à 23 000 dollars le 16 février 2023.

Cette courbe qui donne le tournis reflète les deux grandes phases de spéculation autour du bitcoin.

L'anonymat que confère l'usage du bitcoin attire rapidement les fonds douteux et les réseaux criminels. Sur le site Silk Road, star du *dark web* (partie d'internet qui n'est pas accessible par les navigateurs web et moteurs de recherche standards), le bitcoin est massivement utilisé pour payer toutes sortes de biens et services illicites (substances prohibées, tueurs à gages, etc.) ou pour blanchir de l'argent. La crise bancaire chypriote, en 2013, accentue le phénomène. Les banques ferment pour éviter la banqueroute ; des centaines de millions de dollars sont perdus par les titulaires d'argent russe blanchi. Le bitcoin s'impose en valeur refuge : son cours passe de 20 à 200 dollars en quelques semaines. À la suite de l'arrestation du fondateur de Silk Road et de la fermeture de ce souk électronique, le bitcoin voit sa valeur retomber aux alentours de 100 dollars.

***

La deuxième phase correspond à la première élection de Donald Trump. Face aux incertitudes liées à son arrivée à la Maison-Blanche, la valeur du bitcoin dépasse le seuil symbolique de 1 000 dollars. C'est le début de la folle vague spéculative que nous avons décrite.

Elle se solde par une série de scandales, notamment les spectaculaires faillites des entreprises de Sam Bankman-Fried : FTX (deuxième plateforme d'échange de cryptomonnaies) et Alameda Research (la société qui lui a servi de véhicule pour réaliser des transactions risquées avec des milliards de dollars de fonds déposés par des clients sur FTX). La justice qualifiera la nature des fraudes commises. Le défaut de contrôle, la surévaluation d'actifs, une sous-estimation des besoins en liquidités y ont certainement leur part. La fascination qu'a exercée le jeune Sam Bankman-Fried (surnommé SBF) aussi.

SBF était un des principaux financeurs des campagnes des démocrates aux États-Unis. Il semblerait qu'il finançait aussi, subrepticement, les Républicains – on ne sait jamais ! –, ce qui explique peut-être le subit revirement de Donald Trump sur les cryptomonnaies : « Je suis très positif et ouvert sur les entreprises de cryptomonnaies, [...] et pour toutes les choses liées à cette industrie émergente. Notre pays doit être le leader dans ce domaine[1]. » Message reçu cinq sur cinq : dans la nuit du 5 au 6 novembre 2024, alors que la victoire électorale de Donald Trump se dessine mais bien avant qu'elle soit entérinée, le cours du bitcoin s'envole et bat tous ses records. Cinq ans plus tôt, le même Donald Trump était pourtant aux antipodes : « Je ne suis pas fan du bitcoin et des autres cryptomonnaies, qui ne sont pas des monnaies, et dont la valeur est très volatile et fondée sur du vent. Les cryptoactifs non régulés facilitent les comportements illégaux, dont le trafic de drogue[2]. »

1. D. Leloup, « Donald Trump, champion des cryptomonnaies : Les dessous d'un revirement très récent », *Le Monde*, 24 juil. 2024, https://www.lemonde.fr/pixels/article/2024/07/24/donald-trump-et-les-cryptomonnaies-les-dessous-d-une-histoire-d-amour-recente_6256740_4408996.html.

2. *Ibid.*

Autre clé, le nombre d'influenceurs et de personnalités « ambassadeurs de la marque » que SBF avait recrutés : l'humoriste et acteur Larry David (créateur de *Seinfeld*), le célébrissime quarterback Tom Brady, la mannequin et *it girl* Gisele Bündchen, le millionnaire canadien Kevin O'Leary, la tenniswoman Naomi Osaka ou les étoiles du basket Shaquille O'Neal et Stephen Curry… Le buzz est tellement puissant que SBF se permet de créer une nouvelle plateforme de trading à Hong Kong, dont 80 % des revenus sont considérés comme illégaux aux États-Unis. À la suite d'une enquête sur la régulation des cryptomonnaies, en 2018, il déplace ses deux entreprises aux Bahamas. Ce qui n'empêche pas le magazine *The Times* de le sacrer parmi les 100 personnalités les plus influentes du monde en 2022 – juste avant sa chute, tout aussi spectaculaire.

Toutes ces péripéties n'empêchent pas le bitcoin d'afficher un cours d'environ 68 000 dollars à l'heure où nous écrivons ces lignes, sans que l'on sache si sa volatilité et l'odeur de soufre qui l'entoure en feront durablement la monnaie globale rêvée par son ou ses créateurs ou s'il basculera définitivement du côté des purs produits spéculatifs.

***

Une autre technologie essentielle repose sur la blockchain : les « contrats intelligents » (*smart contracts*). Un contrat intelligent est un logiciel qui permet de déclencher une transaction (ou toute autre action) quand les conditions prévues sont réalisées. Avec un contrat intelligent, des paiements automatiques peuvent être libérés une fois que les termes du contrat ont été remplis, ce qui promet de faire gagner du temps et de réduire les divergences ou anticiper les litiges. Un tel contrat met en œuvre ce qui est prévu dans son code quand les conditions, elles aussi codifiées, sont réalisées. Sans recourir à des intermédiaires ou à des validations externes. Le contrat devient en quelque sorte un processus actif.

Ces contrats reposent sur la technologie de la blockchain. Comme pour les cryptomonnaies, la « chaîne de maillons » permet de se passer d'intermédiaires et l'ajout de nouveaux « blocs » atteste l'évolution de sa réalisation. Les applications possibles du contrat intelligent sont extrêmement variées : transactions, processus d'entreprise, traçage de biens, inventaires, paiements sous conditions, contrôle de données, vote sécurisé, levée de fonds… Elles intéressent déjà les secteurs de la santé, de l'assurance, de la cosmétique ou les chaînes d'approvisionnement de l'agroalimentaire.

Les facteurs de développement de ces contrats sont nombreux. Automatiser et objectiver un contrat permet d'éviter de s'en remettre à une loi, à un arbitre ou à toutes sortes d'intermédiaires (si une condition définie se réalise, le contrat est exécuté de lui-même). Il est rapide et offre des économies substantielles dans le cas de transactions multiples (les levées de fonds, par exemple) : la blockchain gardant une trace de chaque passage, il est plus facile, moins coûteux et plus rapide de gérer la levée de fonds. Il permet l'instantanéité : si l'on veut exécuter une action à un moment déterminé sous une certaine condition, le contrat intelligent permet de le faire (par exemple : débloquer un paiement à condition qu'un bien ait été envoyé). Il est également précieux pour piloter les actions qui requièrent de nombreuses validations et comptages, tel un vote. Le *smart contract* pourrait être la réponse aux fraudes électorales et aux mauvais décomptes.

Le développement de ces contrats pourrait relancer les cryptomonnaies dans la décennie à venir, en s'imposant comme l'instrument qui leur confère une réelle « utilité sociale ». Ils pourraient aussi soutenir la digitalisation des relations interentreprises et celle des process de gestion des PME en particulier.

***

Troisième technologie intimement liée à la blockchain : le NFT – *non-fungible token* ou « jeton non fongible ». Elle donne une identité numérique « unique » à un objet. Un NFT cryptographique (un ensemble de données) désigne le bien numérique comme étant authentique, seul et unique. Par exemple : vous achetez une photo numérique réalisée par un artiste ; si elle est assortie d'un NFT, cela certifie qu'il s'agit de la photo originale, celle qui porte la valeur de l'œuvre.

Le NFT est un élément fondateur pour la blockchain car c'est à travers lui que l'on pourra échanger des biens. Combiné aux contrats intelligents, il favorise la propriété privée et le développement de l'économie de la blockchain.

C'est sur le marché des œuvres d'art virtuelles que le NFT a acquis une visibilité dans les médias, mais le principe fonctionne pour tout type de bien numérique que l'on veut identifier comme étant unique. Toute monnaie, même le bitcoin, peut être remplacée par une même quantité de cette monnaie. Une œuvre d'art ou une identité numérique ne peut être remplacée car il n'existe pas, par principe, d'autre œuvre ou identité qui lui soit identique. Elle est conçue pour rester unique. Le jeton numérique est l'ensemble de données qui identifie cette œuvre d'art ou confère cette identité numérique – c'est pour cela qu'on parle de jeton « unique », donc non remplaçable (« non fongible »). Actuellement, une grande partie des jetons non fongibles sont inscrits dans la blockchain Ethereum dont l'unité de compte est l'ether (ETH), deuxième plus importante monnaie cryptographique décentralisée.

L'irruption des NFT sur le marché de l'art a déclenché des débats parfois houleux.

La collection du Bored Ape Yacht Club (« le Club nautique des singes ennuyés ») fut lancée en avril 2021 pour un prix initial de 0,08 ether, équivalant à environ 192 dollars d'alors. Pour cette somme, vous achetez en NFT l'image originale d'un des 10 000 « singes blasés » (ou « singes mutants ») qui composent la collection – des caricatures de singes présentant une expression faciale et des couleurs bien définies.

Orchestré ou spontané, un véritable engouement sur les réseaux sociaux a fait monter leur valeur jusqu'à des sommes difficilement compréhensibles. Le rappeur Jay-Z aurait acheté une image pour 450 000 dollars en 2021 et Justin Bieber une autre pour 1,21 million de dollars en janvier 2022. Mais cette dernière ne valait plus que 73 000 dollars en novembre 2022. La raison officielle de la perte de valeur du singe de Justin Bieber serait liée aux couleurs et particularités de son expression, trop communes, et non au marché ; en quelque sorte un singe ennuyeux plus qu'ennuyé… En fait, le marché s'est effondré : en avril 2024, le prix plancher des Bored Ape est tombé à environ 34 000 dollars[3] (ce qui reste tout de même impressionnant, rapporté à leur prix de lancement de 192 dollars…).

3. « Le prix plancher des NFT du Bored Ape Yacht Club (BAYC) est en baisse de 90 % depuis son ATH », *Cryptoast*, 16 avr. 2024, https://cryptoast.fr/prix-plancher-nft-bayc-baisse-90-pourcents-depuis-ath/.

En somme, comme celui des cryptomonnaies, le marché des NFT est éminemment volatil, changeant et sujet à des phénomènes de mode voire à des malversations pour faire monter artificiellement les valeurs (on ignore notamment si toutes les transactions annoncées par les influenceurs sont bien réelles). Reste que certains investisseurs précoces, ayant un goût du risque prononcé, ont réalisé des plus-values telles que cela a engendré un engouement presque planétaire. Et que le marché de l'échange de NFT a généré des millions de dollars en royalties et frais de gestion pour ses créateurs.

Notre pari : la cryptomonnaie n'a un avenir que si elle répond au besoin de transactions sûres, anonymes, rapides, peu coûteuses et globales, sans risque de change ; pour cela, il faut que ce soient des monnaies stables et non des objets de spéculation. Une monnaie n'existe durablement que si elle repose sur la confiance. Il reste aux cryptomonnaies à démontrer qu'elles le peuvent.

Strate #7 :

DU *MACHINE LEARNING* À L'IA
(L'intelligence artificielle)

> « Nous façonnons nos outils, et ensuite nos outils nous façonnent. »
>
> Marshall McLuhan,
> philosophe et théoricien
> des médias canadien

Permettez-nous d'ouvrir ce chapitre par un détour du côté de la mythologie et des religions, tant les enjeux liés au déploiement actuel de l'IA nous semblent renvoyer à des peurs ou à des schémas ancestraux.

Plusieurs mythes s'entrechoquent. Celui de Pandore, d'abord, cette femme en argile créée à l'image des déesses par Héphaïstos sur ordre de Zeus. Ce dernier l'envoie en guise de présent à Épiméthée, sous la conduite d'Hermès. Épiméthée, qui avait été pourtant prévenu par son frère de n'accepter aucun cadeau venant de Zeus, est très ému par la beauté de Pandore. Il l'épouse. Peu après, elle ouvre une jarre, que Zeus lui avait recommandé de tenir close et dans laquelle il avait enfermé tous les maux capables d'affliger le genre humain – notamment la vieillesse, le travail, la maladie, la folie, le vice et la passion. Ceux-ci se répandent au-dehors en une immense nuée, piquent Épiméthée et Pandore sur toutes les parties du corps puis s'attaquent aux mortels.

Pandore ou la création qui dépasse la volonté de son maître…

Autre récit fondateur, le mythe juif du golem, cet être artificiel généralement représenté sous forme humaine. Constitué d'argile, comme Pandore, il est dépourvu de parole et de libre arbitre, façonné à la seule fin d'assister ou défendre son créateur. À l'origine, le mot *emet* (vérité) était inscrit sur le front du golem. Mais lorsqu'on effaçait l'initiale du mot, il devenait *met* (mort). La Bible, dans le livre des Psaumes, mentionne le golem[1]. Adam serait ainsi le premier golem et, par ses fautes, le premier à trahir son Créateur.

Depuis, de nombreux golems ont été imaginés : l'apprenti sorcier, homoncule auquel les alchimistes pouvaient donner vie ; Frankenstein, bien sûr, dans la littérature et au cinéma ; jusqu'aux cyborgs au service des humains. Le point commun entre la splendide Pandore, les repoussants golems et leurs avatars ? S'approprier le libre arbitre que leur maître ne voulait pas leur donner ; s'affranchir de leur créateur.

La même ambition de créer un être « clone » doté de pouvoirs inouïs (inhumains ? transhumains ?) habite les concepteurs des IA. La même crainte de voir le créateur dévoré par sa créature irrigue les peurs que suscitent les IA. Sommes-nous en train d'œuvrer à notre propre extinction en tant qu'espèce ? Abandonnons-nous la suprématie que nous avons sur le monde à une nouvelle forme

1. Psaumes, 139:16.

d'« intelligence » qui nous dépasse car plus performante, plus rapide, plus savante, plus efficiente que nous ?

On pourrait compléter – et clore cette échappée dans les grands récits fondateurs – en notant que l'Homme peut être vu comme le golem de Dieu. Il est écrit dans la Genèse : « Dieu dit : "Faisons l'homme à notre image, selon notre ressemblance. Qu'il soit le maître des poissons de la mer, des oiseaux du ciel, des bestiaux, de toutes les bêtes sauvages, et de toutes les bestioles qui vont et viennent sur la terre." Dieu créa l'homme à son image, à l'image de Dieu il le créa, il les créa homme et femme. Dieu les bénit et leur dit : "Soyez féconds et multipliez-vous, remplissez la terre et soumettez-la. Soyez les maîtres des poissons de la mer, des oiseaux du ciel, et de tous les animaux qui vont et viennent sur la terre." Dieu dit encore : "Je vous donne toute plante qui porte sa semence sur toute la surface de la terre, et tout arbre dont le fruit porte sa semence : telle sera votre nourriture. À tous les animaux de la terre, à tous les oiseaux du ciel, à tout ce qui va et vient sur la terre et qui a souffle de vie, je donne comme nourriture toute herbe verte." Et ce fut ainsi. Et Dieu vit tout ce qu'il avait fait ; et voici : cela était très bon. Il y eut un soir, il y eut un matin : sixième jour[2]. »

Nous n'entrerons pas ici dans des considérations morales visant à juger de l'éventuelle trahison de Dieu par l'homme. Nous voulions toutefois faire remarquer que l'objet de la trahison touche au dépassement de l'intention du créateur et l'autonomie de jugement.

***

2. Genèse I, 26-31, https://www.aelf.org/bible/Gn/1.

L'histoire de l'IA commence à s'écrire bien avant que ChatGPT la fasse entrer dans le débat public (et dans nos ordinateurs ou nos téléphones portables).

1956, Dartmouth College, Hanover, New Hampshire, USA. Lors d'une conférence d'été, Marvin Minsky, docteur en sciences cognitives, et John McCarthy, informaticien et mathématicien, inventeur du temps partagé qui permet à plusieurs usagers d'utiliser le même ordinateur, invitent vingt autres chercheurs à débattre de l'hypothèse que tout aspect de l'apprentissage ou toute autre caractéristique de l'intelligence peut, en principe, être décrit avec tant de précision qu'une machine peut être amenée à le simuler. C'est bien John McCarthy qui, pensant aux simulations de jeu d'échecs, dit-on, lance l'expression « intelligence artificielle ».

Jusqu'au milieu des années 1970, les chercheurs développent des programmes capables de résoudre des problèmes algébriques, de démontrer des théorèmes et d'apprendre à parler anglais, jusqu'au « premier hiver de l'IA » (1974-1980). Les progrès ralentissent en raison des limitations technologiques et de l'optimisme initial excessif. Les financements diminuent. Redémarrage à l'orée des années 1980 : l'introduction des systèmes experts relance l'intérêt pour l'IA. Les entreprises investissent massivement dans ce domaine.

Puis un « deuxième hiver » survient. Les mêmes causes (résultats insuffisants) produisent les mêmes effets (financements en berne). La dernière décennie du millénaire écoulé voit surgir un regain d'intérêt autour du *machine learning*. La recherche s'oriente vers l'apprentissage automatique et les approches statistiques. Les années 2000 sont celles de l'émergence du big data et de l'apprentissage profond (*deep learning*). La puissance de calcul explose et la disponibilité de grandes quantités de données permet des avancées significatives en apprentissage profond, notamment dans la reconnaissance d'images et le traitement du langage naturel. À cette ère, toujours en cours, s'ajoute dans les années 2010 le développement de modèles capables de générer du contenu original (textes, images, vidéos) comme GPT-3 et Dall-E puis de systèmes d'IA pouvant interagir de manière plus naturelle avec les humains et intégrant différentes modalités (texte, voix, vision). C'est au cours de cette dernière phase que les applications grand public de l'IA nous deviennent familières – Siri, Google Maps, les systèmes de traduction, etc.

Le progrès fondamental, et il n'en est qu'à ses débuts, a été ce passage de l'IA des origines à l'IA générative et bientôt à l'IA prédictive. Les évolutions engendrées seront essentielles dans des domaines comme la santé et l'agriculture par exemple, comme nous l'avons longuement exposé au début de ce livre, et dans bien d'autres domaines que l'on n'imagine pas encore. Mais les dangers d'une utilisation néfaste de ces technologies sont proportionnels à leur puissance et il est d'autant plus difficile de les mesurer qu'elles se développent en permanence, sans que l'on sache où elles vont s'arrêter (si même elles s'arrêtent un jour).

Aujourd'hui, les ordinateurs ou autres machines (les robots) arrivent à reproduire des capacités humaines à travers ce que l'on appelle le *machine learning*. Ces systèmes, en analysant des flux de données, apprennent en permanence et améliorent leurs performances au fur et à mesure qu'ils absorbent des données.

L'un des exemples les plus parlants est l'évolution de la traduction automatique ou des correcteurs d'orthographe. Quand la traduction automatique de Google est devenue un programme grand public en février 2010 (intégrée dans le navigateur Chrome pour traduire les pages web), ses modestes performances en limitaient fortement l'utilité. Mais le fait de l'avoir intégrée à Chrome a permis de générer une base d'usage globale d'une ampleur considérable et inédite et d'améliorer ses performances continûment. Si bien qu'aux alentours de 2020, la qualité de ses traductions satisfaisait la plupart des usages communs.

***

Aujourd'hui, les offres grand public se multiplient. La société japonaise Toppan a ainsi mis au point un logiciel permettant de traduire en simultané douze langues de façon fluide. Vous pouvez le tester dans les grandes gares de Tokyo. Il se présente sur des vitres transparentes de 40 cm de haut sur 60 cm de large, installées devant les guichets. Ces vitres sont équipées de micros et de tablettes positionnés de part et d'autre pour sélectionner la langue. La traduction apparaît en direct sur la vitre sous forme de texte, comme des bulles de bande dessinée. Nous reviendrons plus loin sur les scénarios qui se dessinent quant à l'impact des IA sur l'emploi, mais, oui, vous avez raison de penser que les métiers de traducteur ou d'interprète de conférence sont fortement menacés.

Autre évolution historique de l'IA sur laquelle cela vaut la peine de revenir : la reconnaissance des images. Elle permet, par exemple, de reconnaître l'écriture manuelle et de la digitaliser, ou d'identifier un visage pour des applications de sécurité ou de classement, ou éventuellement à des fins militaires.

Elle sert aussi en médecine, comme nous l'avons vu. Durant la crise du Covid, la rapidité de développement des vaccins est due à l'usage de l'intelligence artificielle sur des « jumeaux numériques » (un jumeau numérique est un modèle virtuel qui reproduit le comportement d'un objet physique). On utilise ces jumeaux dans tous les domaines (dans l'automobile, les « crash tests », par exemple, sont désormais souvent réalisés avec une copie numérique simulant toutes les caractéristiques du véhicule à tester).

Sans ces nouvelles possibilités de test virtuel portées par l'IA, le vaccin contre le Covid-19 n'aurait jamais été développé aussi vite. Le site internet d'Atos le racontait dès le mois de mai 2020 : « Les équipes de recherche du monde entier sont soumises à une pression énorme pour accélérer la recherche, le développement et la mise sur le marché d'un nouveau vaccin. Dans le même temps, il ne doit y avoir aucun compromis sur sa qualité et sa fiabilité. Nous avons déjà vu que certaines technologies comme la simulation numérique ou le supercalcul peuvent aider les scientifiques à mieux comprendre la molécule du virus et le mécanisme d'infection. Une fois qu'un vaccin aura été découvert et développé, c'est le processus de fabrication qu'il faudra optimiser pour livrer au plus vite les pays du monde entier. En équipant les étapes de fabrication des vaccins de capteurs en ligne [grâce à l'IoT, dont nous avons déjà parlé], il est possible de collecter des données qui, combinées avec des modèles physiques, chimiques et biologiques, permettent de concevoir un jumeau numérique de l'ensemble du processus de production de vaccins. Ce jumeau virtuel fonctionne comme une réplique "live" de tous les processus réels, ce qui permet aux industriels de simuler des modifications à différentes étapes du processus de fabrication et d'en vérifier les impacts pour les valider. Pour s'imaginer un jumeau numérique, on peut prendre l'exemple de son lointain cousin grand public et ludique : le “ghost” qui suit le joueur dans chaque nouveau tour de piste dans *Mario Kart*, indiquant les performances du tour précédent par rapport au jeu en cours[3]. »

***

Pourquoi a-t-il fallu plus d'un demi-siècle pour que le concept de l'IA (1956) devienne central dans le monde de l'informatique ? Parce que l'IA a besoin de puissance de calcul, bien sûr, mais aussi d'une quantité considérable de données pour fonctionner. Sans big data, pas d'IA. Carlo se souvient encore d'Eric Schmidt, alors président de Google, s'étonnant il y a vingt ans de la phénoménale accélération de la production de données : « Tous les deux jours, nous produisons autant de données que ce qui a été numérisé de la naissance de la civilisation jusqu'en 2003. » Que faire d'une telle masse de données ? Le *machine learning* est une réponse.

Établir une liste de tous les usages possibles de l'IA relève de la mission impossible tant ils sont variés – nous en avons donné de multiples exemples.

Nous avons nous-mêmes utilisé ChatGPT mais aussi Claude et Perplexity – avec attention et sens critique, nous l'espérons – pour les recherches nécessaires à l'écriture de ce livre. Nous avons pu d'ailleurs remarquer l'évolution de ChatGPT de 2022 à 2024 : la qualité du langage en français, le naturel et la complétude des réponses ont progressé de manière notable.

---

3. https://atos.net/fr/blog/le-jumeau-numerique-un-accelerateur-dans-la-lutte-contre-le-covid-19.

***

Les IA, comme Pandore, le golem ou Frankenstein, échapperont-elles à leurs concepteurs ? Quand Google, en 2015, a décidé que l'IA serait la technologie la plus importante dans son développement, une charte a été établie. Ne pouvant pas définir avec précision quels usages seraient faits de l'IA, la firme a formulé des limites et des interdits – une sorte de table de la loi, les « dix commandements » de l'IA à la façon de Google. Ne pas créer ni renforcer de partis pris injustes, être construite et testée pour la sécurité, incorporer la protection de la vie privée dès sa conception, être redevable aux gens, toujours poursuivre les plus hauts standards d'excellence scientifique, n'être appliquée que pour des usages en accord avec ces principes (donc pas d'usage militaire, par exemple). Bien sûr, tous ces principes se prêtent à interprétation, mais ils ont le mérite d'ouvrir le débat.

Ici s'achève notre panorama des technologies du web et de leur influence dans nos vies. Nous vous proposons maintenant de lever le voile sur le côté obscur de la force et de réfléchir à la place de l'humain et de notre environnement dans ce nouveau monde.

Deuxième partie

VAINCRE LE CÔTÉ OBSCUR DE LA FORCE

« Le côté obscur de la force, redouter tu dois. »
« La peur est le chemin du côté obscur. La peur mène à la colère, la colère mène à la haine et la haine mène à la souffrance. »

Maître Yoda dans *La Guerre des étoiles*

Les technologies du web ont transformé nos vies, progressivement, et de manière de plus en plus profonde à chaque étape de leur évolution. Elles ont simultanément amené de nouveaux risques et suscité l'émergence de problèmes de société inédits.

L'histoire du web, que nous avons présentée en sept étapes, pourrait aussi se résumer à trois grandes « époques » qui ont chacune généré des forces négatives – le « côté obscur » de la force.

Le web 1.0 (d'Arpanet à l'e-commerce) est confronté au manque de sécurité des transactions et aux fraudes d'identité. Avec les blogs, la question de la vérité de l'information se pose en des termes nouveaux ; les *fake news* deviennent un sujet de crainte. Avec le web 2.0 (réseaux sociaux et mobilité), les internautes s'emparent de la toile, et la question de la protection de la vie privée s'ajoute à celle des fraudes et de la sécurité des transactions. La question des *fake news* prend de plus en plus d'ampleur car les réseaux sociaux en amplifient l'impact. Avec les réseaux sociaux surgit aussi la question de la dépendance – certains deviennent accros aux courtes vidéos et éprouvent le besoin de se connecter continuellement, de peur de perdre de vue quelque événement. Le métavers amplifie à son tour la question de la dépendance car il propose une nouvelle réalité à nos sens, où les frustrations de la vie réelle trouvent une réponse inédite. Les web 3.0 et 4.0 (blockchain, IA et métavers) bouleversent la société et génèrent plusieurs conséquences non voulues, au premier rang desquelles des craintes quasi existentielles : que devient l'être humain dans un monde où l'IA remplace de plus en plus de tâches que l'être humain exécutait jusqu'ici ?

Cette partie de notre périple dans le monde d'internet va s'arrêter sur chacun de ces côtés obscurs. Notre propos n'est pas d'ajouter de la peur à la peur, encore moins de suggérer qu'il faudrait bloquer l'évolution technologique, mais de bien en comprendre les risques afin de pouvoir imaginer des solutions pour mieux vivre notre époque.

Les dix maux que les technologies du web renferment, selon nous, sont en quelque sorte la boîte de Pandore de la modernité : les risques de transaction ; la question de l'identité (atteintes à la vie privée et cyberharcèlement) ; la protection de l'enfant et de l'adolescent (l'exposition à des images choquantes, l'impact sur la transmission des valeurs, la dépendance) ; la désinformation ; le respect du droit d'auteur ; l'impact sur l'emploi ; la protection de l'environnement ; la rupture du lien social et les déséquilibres sociaux ; le risque d'une fracture digitale mondiale ; la régulation (qui ne doit pas rimer avec stérilisation).

Nous procéderons, pour chacun de ces maux, selon la même méthode : les définir pour ensuite envisager des solutions avec, à chaque fois, un regard porté sur l'éducation qui pourrait être donnée (et à qui la donner) afin d'éviter les comportements dangereux. Pour reprendre la citation de maître Yoda qui ouvre ce chapitre : redouter le côté obscur de la force signifie tenter avant tout de le comprendre pour ce qu'il est. Il faut à la fois éviter de minimiser les risques mais ne pas céder non plus à une sorte de peur panique inhibant toute action et, par là même, toute innovation.

Gardons également à l'esprit qu'un des problèmes principaux dans l'analyse des maux d'internet tient au temps qu'il faut pour en comprendre les enjeux et en identifier leurs tenants et aboutissants. C'est là la principale difficulté que nos législateurs et régulateurs ont à affronter : réguler sans avoir une vraie compréhension des phénomènes est une activité instable. De même pour nos éducateurs ou pour chacun d'entre nous, en tant que parent : il est important de bien comprendre les risques de dépendance, de désinformation et de déséquilibre dans la formation d'une jeune conscience.

Nous ne pouvons ni ne devons abdiquer, par manque de connaissances, notre rôle d'éducateur pour nos familles ni de citoyen responsable. Nous allons tenter, dans les chapitres suivants, de vous en donner les moyens.

Défi #1 :

PROTÉGER L'IDENTITÉ ET SÉCURISER LES TRANSACTIONS

Comme nous l'avons vu, les premières phases de l'internet ont été celles du e-commerce et des sites web statiques de présentation de produits et services ; nous l'avons décrit comme un web de transactions. Et dans une transaction, les deux risques principaux que l'on court sont le vol de nos données bancaires et se faire tromper par un site frauduleux (qui ne correspond pas à l'identité qu'il se donne).

Une étude Crédoc/Raffour-Interactif, reprise par un rapport d'information de l'Assemblée nationale, avait interrogé les Français en 2001 sur « ce qu'ils considèrent comme un “frein” à la décision d'achat sur internet[1] ». Résultat : 67 % des sondés évoquaient la sécurité des modes de paiement, 50 % le surcoût lié à la livraison, 47 % la réutilisation possible des données personnelles, 44 % le service après-vente. Ces obstacles ont globalement été levés. Nous avons aujourd'hui généralement confiance

1. Bounie, David *et al.*, « Sécurité des paiements et développement du commerce électronique », *Revue économique*, 2004/4 Vol. 55, 2004, p. 689-714, CAIRN.INFO, shs.cairn.info/revue-economique-2004-4-page-689?lang=fr.

dans nos instituts émetteurs de cartes de crédit et nos banques pour sécuriser nos transactions ou les assurer.

Comment les risques associés à la transaction sur internet et les opérateurs de moyens de paiement ont-ils progressé pour gagner notre confiance ?

Comme pour la plupart des cas de fraude, l'évolution des méthodes de sécurisation est une confrontation constante entre fraudeurs et opérateurs de moyens de paiement.

Avant l'e-commerce, les risques principaux étaient le vol du code secret, la copie de la bande magnétique ou le vol physique de la carte de crédit. Pendant longtemps, fouiller les poubelles à la recherche de numéros de carte de crédit ou de données bancaires personnelles permit de nombreuses fraudes. L'interception du courrier pour copier mots de passe et numéros de carte a aussi été employée par les fraudeurs pour effectuer des achats ou des prélèvements par internet. La réponse des banques et des émetteurs de cartes a rendu ces fraudes difficiles grâce à des approches de plus en plus sophistiquées. Des méthodes de reconnaissance, elles aussi physiques, ont été généralisées dans les années 1980 et 1990 – signature au dos de la carte pour que les vendeurs puissent comparer les graphies ou les photos, généralisation du code PIN, hotlines de signalement… Les émetteurs de moyens de paiement ont progressivement adopté des technologies de plus en plus complexes. La difficulté de voler physiquement une carte de crédit a incité les fraudeurs à utiliser la technologie d'une façon de plus en plus élaborée.

Et la course de vitesse s'est poursuivie, toujours plus technologique.

Les fraudeurs fabriquent-ils des *skimmers* (écumoires), discrets dispositifs installés sur des guichets automatiques, des terminaux de paiement ou des pompes à essence, à l'emplacement où l'on glisse sa carte bancaire, et qui permettent de copier la bande magnétique sans que le titulaire de la carte s'en aperçoive ? Les émetteurs de cartes bancaires répondent par les puces EMV et les enveloppes sécurisées. La puce EMV (du nom de ses promoteurs : Europay, Mastercard et Visa) est un microprocesseur intégré dans la carte de paiement. Lorsqu'une transaction est effectuée, la puce génère un code unique pour cette transaction, sécurisant davantage celle-ci que la simple lecture d'une bande magnétique. Contrairement à cette dernière qui stocke des informations statiques, la puce EMV effectue un cryptage dynamique, ce qui rend chaque transaction unique et donc plus sûre. En ajoutant, plus récemment, aux puces EMV une validation ultérieure par code PIN, souvent sur téléphone portable, les banques ont développé une approche de plus en plus complète, allant jusqu'à l'utilisation de l'intelligence artificielle pour analyser les comportements d'achat de leurs clients et détecter des anomalies qui déclenchent une demande de validation supplémentaire à l'acheteur.

Mais quels que soient les efforts des émetteurs de moyens de paiement pour protéger les transactions ou ceux des régulateurs pour inciter les émetteurs à le faire en transférant vers eux le risque de fraude attaché à une transaction, notre éducation, en tant qu'utilisateurs, demeure un élément essentiel de notre protection.

Le hameçonnage (*phishing*) sous ses différentes formes continue à faire des victimes, surtout parmi les personnes les plus âgées et les moins éduquées aux méthodes des fraudeurs – les variantes sont nombreuses : envoi de courrier, papier ou mail, simulant une demande d'une banque, d'une administration, du fisc ou d'entreprises d'abonnement (télécoms, électricité) ; création de sites web « clones » d'institutions ; appels téléphoniques ou envois de SMS demandant de l'argent… Les émetteurs ont réagi, et font constamment évoluer leurs réponses : filtres antiphishing qui signalent les mails suspects, authentification à double niveau par envoi de SMS ou de mails ; autorisations sur l'appli de l'émetteur… Les réponses continuent à progresser de nos jours mais l'éducation reste un élément central de la réduction des risques de transaction.

Les efforts combinés des émetteurs, des institutions et l'éducation des consommateurs portent leurs fruits. Pourtant, selon la Banque de France, « la carte [bancaire] reste le moyen de paiement le plus fraudé » en 2023. Le taux de fraude ne représente que 0,057 % des transactions, mais cela équivaut tout de même à 256,5 millions d'euros par an. « Le taux de fraude des paiements par mobile a quant à lui été divisé par trois par rapport à 2022 (0,024 % au premier semestre 2023 contre 0,061 % en 2022) en raison principalement de l'authentification forte à l'enrôlement », précise par ailleurs la Banque de France[2]. L'assurance antifraude et le transfert du risque de transaction vers les émetteurs de moyens de paiement ont aussi joué un rôle important pour la confiance des consommateurs envers les transactions sur internet.

L'époque du web 2.0, avec l'essor des réseaux sociaux en particulier, a vu un nouveau risque faire surface : le vol d'identité, sujet de notre prochain chapitre.

---

2. Observatoire de la sécurité des moyens de paiement, « Chiffres-clés de l'Observatoire », 1er semestre 2023, https://www.banque-france.fr/system/files/2024-02/240125_OSMP-Statistiques-de-fraude-du-S1-2023.pdf.

Défi #2 :

COMBATTRE LES ATTEINTES À LA VIE PRIVÉE ET LE CYBERHARCÈLEMENT

> « L'internet nous a donné accès à tout, mais il a aussi permis à tout d'accéder à nous. »
>
> James VEITCH, comédien

Le vol d'identité n'est pas né avec internet. Rappelons-nous Zeus et son habitude d'emprunter les identités les plus adaptées à ses conquêtes amoureuses… Il se transforma en mortel pour séduire la princesse thébaine Sémélé ; en aigle pour enlever le prince troyen Ganymède et en faire l'échanson des dieux sur le mont Olympe. Zeus se transforma même en pluie d'or pour tomber dans la chambre de la pauvre princesse Danaé et s'unir ainsi à elle – le père de Danaé, craignant la prophétie selon laquelle il serait tué par son petit-fils, avait en effet enfermé sa fille dans une tour de bronze pour l'éloigner des hommes, mais Zeus trouva le moyen d'arriver à ses fins.

L'usurpation d'identité a des motifs plus ou moins justifiables. Côté face, elle peut permettre d'échapper à des persécutions (religieuses, politiques, etc.) ou de se donner une chance de survivre pendant une guerre… Côté pile, elle renvoie à des pratiques crapuleuses ou, au moins, discutables – espionnage, vol, revendication d'un trône ou de tout autre pouvoir… Elle a été pratiquée tout au long de l'histoire de l'humanité.

C'est toutefois avec les réseaux sociaux que l'usurpation d'identité prend une nouvelle ampleur. Elle concerne désormais chacun d'entre nous et ce phénomène, croissant, va malheureusement encore s'accroître avec l'intelligence artificielle générative. Elle annonce un monde où l'on peut se faire passer pour n'importe qui en imitant une voix ou en réalisant une fausse photo ou vidéo de manière encore plus convaincante qu'en créant de faux profils sur Facebook, Instagram ou X (ex-Twitter). Ces usurpations d'identité peuvent être utilisées pour tromper d'autres usagers du réseau, pour diffamer la victime, pour profiter de son influence et diffuser des messages en son « nom »…

Il est toujours difficile – et subjectif – d'établir une gradation dans l'ignominie. Mais l'usage de fausses identités pour séduire une victime fait partie des fraudes les plus graves. Ce n'est pas nouveau – Cyrano de Bergerac en est un exemple ô combien attendrissant. Et les réseaux sociaux font évidemment changer ce phénomène de dimension…

On parle généralement de « fraude sentimentale » quand, par le biais de sites de rencontre, de réseaux sociaux ou d'applications, les escrocs profitent des personnes à la recherche de partenaires romantiques en prétendant être des compagnons potentiels. Ils jouent sur des déclencheurs émotionnels pour amener leurs victimes à leur donner de l'argent, des cadeaux ou à dévoiler des données personnelles qui serviront dans d'autres fraudes.

Les dommages peuvent être graves, non seulement financièrement mais aussi émotionnellement – ou même physiquement si la personne est amenée à rencontrer le fraudeur. Selon la Federal Trade Commission (FTC, Commission fédérale du commerce), aux États-Unis, les pertes déclarées liées aux escroqueries amoureuses ont dépassé 1,14 milliard de dollars en 2023[1]. Ces chiffres ne représentent que les cas signalés ; le montant réel est probablement beaucoup plus élevé.

Autre usage des fausses identités : le cyberharcèlement – défini comme l'usage de technologies informatiques (sites web, courriels, réseaux sociaux, outils de communication numérique) pour dénigrer quelqu'un, le faire chanter, publier de fausses informations ou partager des informations sans son consentement. Il est difficile de déterminer l'ampleur du phénomène du cyberharcèlement. Les données sont incomplètes et leur agrégation hétérogène en Europe. Néanmoins, en France selon une étude e-Enfance de 2023, 24 % des familles ayant des enfants de 8 à 18 ans ont déjà été concernées au moins une fois par ce phénomène[2]. L'Éducation nationale évalue, elle, à plus de 28 % le nombre de collégiens victimes[3].

---

1. A.T. Solá, « Romance scams cost consumers $1.14 billion last year. It's a "more insidious" fraud, expert says », *CNBC*, 3 juil. 2024, https://cnb.cx/3RQ1lu0.

2. Étude de l'Institut Audirep pour la Caisse d'Épargne et l'association e-Enfance/3018, « Le cyberharcèlement chez les 8-18 ans », 17 oct. 2023, https://e-enfance.org/etude-association-e-enfance-3018-caisse-depargne-sur-le-cyberharcelement-des-8-18-ans/.

3. Étude de la DEPP ; année scolaire 2021-2022.

Le *revenge porn* (la vengeance pornographique) fait aussi partie de la panoplie des malfrats d'internet. Piratage de comptes photo, sur Dropbox par exemple, ou, plus récemment, images générées par intelligence artificielle, donnent lieu à du chantage ou à des vengeances à la fin d'une relation sentimentale. Il apparaît aussi dans des procédures de divorce pour dénigrer la partie adverse. Selon l'Institut européen pour l'égalité entre les hommes et les femmes (EIGE), les femmes constituent 90 % des victimes.

En Italie, un projet de loi sur le *revenge porn* a été approuvé à l'unanimité par la Chambre des députés le 2 avril 2019. Le texte prévoit une peine d'emprisonnement de un à six ans et une amende de 5 000 à 15 000 euros pour « toute personne qui envoie, transmet, publie ou diffuse des images ou des vidéos d'organes sexuels ou du contenu à caractère sexuel explicite, destinés à rester privés, sans le consentement des personnes représentées ». La même amende s'applique à toute personne qui contribue à la diffusion de ce contenu. Elle augmente si l'infraction est commise par le conjoint, même séparé ou divorcé. Mais il n'existe pas de législation homogène en Europe.

En France, la « vengeance pornographique » est spécifiquement réprimée. Selon la loi du 7 octobre 2016, les documents ou enregistrements présentant un caractère sexuel obtenus avec le consentement de l'intéressé(e) nécessitent son accord préalable avant leur diffusion. « Lorsque les délits prévus aux articles 226-1 et 226-2 portent sur des paroles ou des images présentant un caractère sexuel prises dans un lieu public ou privé, les peines sont portées à deux ans d'emprisonnement et à 60 000 euros d'amende. Est puni des mêmes peines le fait, en l'absence d'accord de la personne pour la diffusion, de porter à la connaissance du public ou d'un tiers tout enregistrement ou tout document portant sur des paroles ou des images présentant un caractère sexuel, obtenu, avec le consentement exprès ou présumé de la personne ou par elle-même, à l'aide de l'un des actes prévus à l'article 226-1[4]. »

Les législations française ou italienne qui pénalisent ces actes sont certainement utiles mais elles ne suffisent pas. Si la motivation est le chantage (économique, social ou politique), la législation ne le dissuade pas. L'ancien secrétaire d'État et député Benjamin Griveaux en a fait les frais. Candidat à la mairie de Paris pour LREM (La République en marche) en 2020, il a dû y renoncer à la suite de la diffusion d'une vidéo à caractère sexuel, dont il serait l'auteur et qu'il aurait envoyée à une femme avec laquelle il entretenait une relation extraconjugale. La vidéo a été mise en ligne par un artiste russe (Piotr Pavlenski), réfugié politique en France, connu pour ses actions de contestation politique. On peut bien sûr se poser la question de l'opportunité de filmer des vidéos à caractère sexuel et de les envoyer. Mais la question du respect de la vie privée, ainsi que les conséquences familiales et politiques d'une telle attaque, montrent clairement que la réponse doit être multiple. Pavlenski a certes été condamné à une peine de six mois de prison ferme aménageable en placement sous bracelet électronique, et sa compagne, Alexandra de Taddeo, à une peine de six mois de prison avec sursis pour avoir conservé les vidéos et participé à leur diffusion. Mais Richard Malka, avocat de Benjamin Griveaux, a sans doute raison d'estimer

4. https://www.legifrance.gouv.fr/codes/article_lc/LEGIARTI000033207318.

que « les torts qui ont été causés [à son client] ne seront jamais réparés[5] ».

La législation ne peut pas plus, à elle seule, gagner le combat contre le cyberharcèlement. L'éducation à l'usage de la technologie et aux risques de notre époque connectée s'impose désormais comme le devoir de tout parent ou adulte envers les plus jeunes. Tout le monde doit comprendre les dangers de l'usage du cloud pour ses photos et informations personnelles et l'importance, déjà évoquée, de l'authentification multifactorielle (mot de passe sur portable + code sur téléphone, biométrie – « Face ID » – + code sur téléphone ou PC…).

La protection de l'identité doit être au cœur de l'éducation aux médias, tant les conséquences d'une usurpation sont graves et innombrables : accéder aux comptes bancaires de la victime, effectuer des achats, obtenir des cartes de crédit ou contracter des prêts en son nom, effectuer de fausses demandes de remboursement au fisc ou aux services médicaux, éviter des poursuites judiciaires en substituant une autre identité à la sienne (fausse plaque d'immatriculation, par exemple)… Bien évidemment, les fausses identités sont aussi utilisées depuis longtemps pour l'espionnage, par les terroristes ou pour immigrer illégalement. Bref, la liste des conséquences d'un défaut de protection de l'identité est infinie et certaines sont gravissimes.

5. « Affaire Griveaux : L'artiste russe Piotr Pavlenski condamné à une peine de six mois de prison ferme aménageable », *Le Monde*, 11 oct. 2023, https://www.lemonde.fr/societe/article/2023/10/11/affaire-griveaux-piotr-pavlenski-condamne-a-une-peine-de-six-mois-de-prison-ferme-amenageable-en-placement-sous-bracelet-electronique_6193779_3224.html.

L'arrivée de l'IA générative (celle qui est capable de générer des contenus audio, vidéo ou des textes) démultiplie encore les risques. Elle facilite la création de faux très réalistes (les *deepfakes*), utilisés pour imiter ou diffamer une personne, lui faisant dire ce qu'elle n'a jamais dit ou faire ce qu'elle n'a jamais fait. Nous en sourions quand le pape François se retrouve affublé d'une doudoune blanche ou qu'Emmanuel Macron est rhabillé en éboueur en pleine action ; moins quand Donald Trump tente d'influencer le vote des Américains avec ses propres *deepfakes* pour se mettre en valeur (comme certaines photos qui le montrent se faisant violemment arrêter, entraver par des menottes ou emprisonner).

Encore une fois, si on lui fournit des données de départ suffisantes, une IA générative peut de nos jours imiter le style d'écriture ou la manière de parler d'une personne et l'utiliser pour communiquer avec une banque, un gouvernement, sa famille… Qui ne serait pas inquiet à l'idée que l'on puisse se faire passer pour lui ou elle et appeler un conjoint ou un enfant ? L'IA générative peut aussi propager à grande échelle, à une vitesse fulgurante, des propos diffamatoires ou des fausses informations, en utilisant des *malbots*, des logiciels qui génèrent des tâches répétitives sur internet pour publier et promouvoir ces contenus. Combinées au « ciblage personnalisé » qui permet aux IA d'individualiser les attaques en utilisant des données collectées en ligne pour les rendre plus percutantes, ces techniques sont potentiellement dévastatrices.

Nous avons la conviction que ni les lois, ni l'éducation, ni les mesures de protection de l'identité, pour indispensables qu'elles soient, ne suffiront. Les mots de passe les mieux cryptés et les contrôles d'accès, même biométriques, ne suffiront plus. Seule une révolution culturelle intime et sociale nous protégera… peut-être. Il faut apprendre à ne partager que ce qui est utile et redonner de la valeur aux traces numériques que nous souhaitons laisser. Il nous faudra rendre ses lettres de noblesse à la réserve, trouver des moyens d'expression et de réalisation de soi qui ne se résument pas au nombre de followers ou de likes que l'on parvient à attirer.

Défi #3 :

PROTÉGER LES ENFANTS ET LES ADOLESCENTS

Les risques courus en ligne par les enfants et les adolescents sont de même nature que ceux auxquels sont exposés les adultes : cyberharcèlement, prédateurs en ligne, escroquerie aux informations personnelles, dépendance… Avec deux points de vigilance spécifiques : l'exposition à des contenus inappropriés et la confusion entre mondes réel et virtuel. Et une différence de degré : chacun de ces risques est plus élevé pour les enfants, qui les affrontent encore trop souvent seuls quand les parents ne sont pas en mesure de les aider. Les cadres et dirigeants du monde de la tech l'ont bien compris, qui sont souvent les premiers à limiter ou à encadrer l'usage des technologies du web pour leurs propres enfants. Aucun paradoxe dans cette attitude. Ces managers comprennent les risques et savent les évaluer. Plus les parents « profanes » les comprendront, plus ils les imiteront – sans renoncer, pour eux comme pour leurs enfants, à tous les usages formidables d'internet.

Au premier rang desquels, les nouvelles possibilités d'apprentissage, de divertissement et de communication qui peuvent concourir à l'éducation. Selon le site ReportLinker, le marché de l'apprentissage en ligne devrait atteindre 458 milliards de dollars d'ici à 2026[1], soit à peu près la moitié du marché publicitaire mondial prévu pour 2025 (selon Magna Marketing). La pandémie de Covid-19 a constitué un accélérateur important. L'apprentissage numérique a été utilisé de manière quotidienne aussi bien par les enfants que par les adultes (pour suivre des conférences et séminaires). Notons au passage que la pandémie nous aura aussi permis de réaliser que nous disposons, depuis longtemps, d'outils de communication qui permettent à nos enfants de communiquer gratuitement avec leurs grands-parents ou toute personne à distance.

Mais revenons aux risques.

L'exposition à des contenus inopportuns voire dangereux pour les enfants ainsi que la dépendance sont des sujets débattus depuis la naissance des médias – cinéma, presse, radio et télévision… Internet, comme toujours, apporte toutefois une autre dimension au problème : les enfants peuvent interagir seuls avec la toile en utilisant un téléphone portable, un ordinateur ou une tablette. Et l'accès aux contenus dangereux reste encore trop facile. Les efforts des grands opérateurs demeurent insuffisants et les législations – américaine comme européennes – trop timides.

Les grands opérateurs américains, de Google à Facebook en passant par X (ex-Twitter), Apple et Microsoft, se sont tous donné des normes pour la protection de l'enfance : contrôle parental, règles sur les contenus admis dans chaque produit. Le contrôle parental est un outil

1. « United States, E-Learning, Market Overview 2024-2028 », *ReportLinker*, oct. 2024, https://www.reportlinker.com/market-report/E-Learning/425880/E-Learning.

essentiel avant de mettre dans les mains d'un enfant ou d'un adolescent un appareil permettant l'accès au web. Tous les grands opérateurs en proposent – Family Link de Google sur Chrome ou le contrôle parental de Microsoft Windows, pour ne citer qu'eux.

En principe, ces règles sur les contenus sont extrêmement strictes. Violence et pornographie n'ont pas droit de cité sur YouTube et TikTok, ni sur les places de marché d'Android, Apple ou Microsoft. On y trouve toutefois des contenus dangereux et le travail de « nettoyage » doit être constamment renforcé par les opérateurs.

Surtout : le problème reste entier pour la navigation sur internet en général. Le contrôle parental, pas si simple à contourner de nos jours, est utilisé par trop peu de familles. Depuis 2022, pour mieux protéger les enfants sur internet, la loi oblige, en France, les fabricants d'appareils connectés (smartphones, tablettes…) à installer un dispositif de contrôle parental et à proposer son activation gratuite lors de la première mise en service de l'appareil. Un décret rend applicable la loi au 5 septembre 2022.

Mais l'installation d'un système de contrôle parental ne veut pas dire qu'il sera utilisé par les familles… La loi s'est, à ce jour, concentrée sur les opérateurs. Il faut maintenant se concentrer sur les familles. Pour les éduquer mais aussi leur rappeler leurs responsabilités. Après tout, la responsabilité des parents est engagée en cas de négligence dans la vie de tous les jours, pourquoi ne le serait-elle pas pour l'usage d'internet ? Or, selon la CNIL, en 2021, « 57 % des parents affirment ne pas utiliser actuellement d'outil de contrôle parental ; 44 % des parents ne se sentent pas ou pas assez accompagnés dans l'encadrement des pratiques numériques de leurs enfants et 60 % des parents indiquent ne pas savoir vers quelle administration se tourner si leur enfant est victime de cyberviolence[2] ».

En 2024, l'ignorance des risques, de l'importance et de l'impact des technologies du web dans nos vies peut difficilement être invoquée. Il revient certes aux acteurs de la tech de continuer à alerter les usagers, mais l'État et les individus doivent jouer leur rôle.

Des efforts sont faits mais demeurent nettement insuffisants, notamment du côté de l'Éducation nationale. Les programmes des écoles et universités évoluent trop lentement au regard des mutations technologiques et sociétales. Pourquoi ne pas enseigner systématiquement les bases du codage aux enfants, comme on leur enseignait le latin dans le passé ? Les logiciels sont comme des langues. Comprendre leur structure et leur « grammaire » est aussi essentiel que de comprendre la façon dont notre langue s'est construite et fonctionne. Un tel enseignement, en outre, forme à l'esprit critique et aide à décoder le monde qui nous entoure. Il se révélera utile non seulement dans la vie de tous les jours mais aussi dans nombre de métiers.

Les entreprises du web proposent depuis longtemps leurs produits gratuitement ou à des conditions très avantageuses aux écoles, voire organisent des formations à l'usage de la technologie ou des sessions de sensibilisation aux risques. C'est toutefois aux institutions et aux écoles et universités de repenser les matières essentielles et les modes d'enseignement pour que le système éducatif soit adapté aux contraintes et opportunités de notre temps.

---

2. CNIL, « Recommandation 3 : Accompagner les parents dans l'éducation au numérique », 9 juin 2021, https://www.cnil.fr/fr/recommandation-3-accompagner-les-parents-dans-leducation-au-numerique.

Avec l'arrivée de l'intelligence artificielle générative, la manière d'apprendre va changer. Qu'attend-on d'une analyse ? Quel degré de réflexion exige-t-on ? Le temps presse. En 2023, année de sa généralisation, ChatGPT a connu une baisse d'usage significative… pendant les vacances scolaires (-4 % à -8 % selon Similarweb et d'autres analystes). Preuve que les élèves et étudiants sont déjà en train de s'approprier massivement cet outil (et qu'ils profitent des vacances pour se reposer !).

Les créateurs d'IA génératives sont conscients de ces problématiques. Nous avons soumis à l'une d'entre elles (Claude, intelligence artificielle créée par Anthropic) le sujet d'histoire-géographie du brevet des collèges de 2024. Elle a répondu : « Je peux t'aider à répondre aux questions du sujet d'examen du brevet en histoire-géographie et enseignement moral et civique, mais il est important que tu réalises toi-même les exercices afin de bien assimiler les connaissances et compétences évaluées. » Dans la foulée, elle a proposé d'excellents conseils méthodologiques.

Nous avons reproduit l'exercice, mais sans préciser qu'il s'agissait d'un sujet d'examen, et lui avons soumis l'épreuve de français tirée de la même session du brevet. Cette fois, l'IA a répondu. En quelques secondes, elle a « lu » un texte du romancier Marc Dugain, et les réponses qu'elle a fournies, que nous avons croisées avec les corrections publiées en ligne par des enseignants, étaient exactes.

Est-ce à dire que l'IA nous rendra moins intelligents ? Qu'elle nous dispensera de mémoriser tout ce que nous nous employons à apprendre par cœur ? Qu'il sera superflu de retenir des notions d'histoire, de géographie ou même de mathématiques car les moteurs de recherche et les robots conversationnels pourront le faire pour nous ? Nous ne le croyons pas. Comment comprendre notre planète, notre présent ou contribuer au développement de l'informatique sans notions de mathématiques, d'histoire ou de géographie ?

Ces questions, à dire vrai, se posent depuis l'Antiquité. Socrate, déjà, exprimait des réserves quant à l'écriture. « [Elle] est comme un esclave qui fait tout le travail pour nous et nous rend plus stupides », rapporte Platon dans *Phèdre*. Et encore : « Elle ne peut produire dans les âmes [...] que l'oubli de ce qu'elles savent en leur faisant négliger la mémoire [...]. Quand ils auront, en effet, beaucoup appris sans maître, ils s'imagineront devenus très savants[3]. » Les critiques furent du même ordre lorsque Gutenberg inventa la presse à imprimer au XVe siècle : de nombreuses voix s'élevèrent pour s'alarmer que la prolifération des livres rendrait les étudiants paresseux et qu'ils ne mémoriseraient plus rien.

De plus, l'accès à l'information en général et aux textes saints en particulier était vu par certains religieux comme une menace à l'ordre établi. Reconnaissons que sur ce point, ils voyaient juste. La Réforme protestante est née d'une « contre-lecture » de la Bible par certains chrétiens. Plus tard, la diffusion des idées libérales des Lumières puis celle des idées révolutionnaires durent tout à la démocratisation des journaux, livres et autres libelles, et aux progrès de l'enseignement.

Le téléphone, à ses débuts, fut lui aussi attaqué : cette distraction nouvelle allait éloigner les gens de la lecture et de la culture « sérieuse ». Même phénomène avec les calculatrices (on ne saura plus compter), la télévision (elle

3. Platon, *Phèdre*, Le Livre de Poche, 2007.

aura des effets négatifs sur la concentration, la lecture et l'apprentissage des enfants). Les moteurs de recherche, en particulier Google, eurent également à affronter l'idée que leur usage nous rendrait « stupides », en diminuant notre capacité à réfléchir de manière critique ou à mémoriser des informations. Les smartphones et les médias sociaux sont également incriminés parce qu'ils réduisent la capacité d'attention des utilisateurs, encourager une culture de la gratification instantanée et diminuer les interactions face à face.

Attention : nous ne suggérons pas que ces craintes étaient sottes ou infondées. Toute technologie qui bouleverse notre rapport au monde, aux autres, au savoir, doit être interrogée et les alarmes émises étaient en partie fondées. Mais le refus *a priori* est tout aussi dangereux que l'adhésion béate. Le réflexe conservateur consistant à interdire ou à tenter de retarder l'adoption d'une technologie est vain. Prenez l'exemple de l'IA. À moins qu'elle ne soit généralisée, utilisée par tout le monde, globale et synchronisée, toute interdiction risquerait de créer de graves problèmes de compétitivité.

Selon nous, la bonne question est la suivante : comment faire évoluer l'éducation, au sens large (programmes, niveau d'exigence, pédagogie...), pour que l'adoption des nouvelles technologies permette à chacun d'aller plus loin plutôt que d'être dépassé ? Les optimistes soulignent que l'Éducation nationale n'est pas restée totalement inerte face à cette problématique. Développement de compétences numériques, sensibilisation à la sécurité sur internet, initiation au codage en primaire, enseignement de la pensée critique des technologies, résolution de problèmes, collaboration... Une fragile dynamique semble mise en route. Mais ces efforts restent largement insuffisants, et la formation des enseignants n'est clairement pas à la hauteur. Il y a là un chantier urgent et d'intérêt national tant il engage l'avenir. Il est également essentiel en termes d'égalité et de lutte contre la « fracture numérique ». On ne peut pas s'en remettre uniquement aux familles, dont la culture numérique est par la force des choses très hétérogène. C'est bien à l'école, au sens large, que tous les enfants ont une chance d'être touchés.

Un deuxième combat est ouvert, pour les parents et l'école, contre l'addiction aux écrans, aux jeux en ligne, à l'usage compulsif des réseaux sociaux. Là aussi, le problème n'est pas neuf : il s'était déjà posé avec la télévision et le temps que les plus jeunes, en particulier, passaient à la regarder. Mais les réseaux sociaux et les smartphones représentent un danger d'une tout autre nature.

Les applis et les sites sont en effet conçus pour activer des circuits neuronaux qui renouvellent en permanence notre désir. L'inventeur du *scrolling* (le défilement permanent), Aza Raskin, s'est publiquement repenti de sa trouvaille, qu'il compare désormais « à un verre qui se remplirait sans cesse par le fond, nous faisant boire "beaucoup, beaucoup plus" ». Il a tenté de calculer « combien son idée géniale avait fait perdre de temps à l'humanité. Et le résultat l'a effrayé : "En durée, affirme-t-il, c'est l'équivalent de 200 000 vies par jour[4] !" ».

À l'heure actuelle, le seul effet scientifiquement mesuré et unanimement admis de l'addiction aux écrans est relatif

4. « Le créateur du scroll infini sur smartphone cherche aujourd'hui des parades à son invention », *France Télévisions*, 11 sept. 2020, https://www.francetvinfo.fr/internet/telephonie/video-le-createur-du-scroll-infini-sur-smartphone-cherche-aujourd-hui-des-parades-a-son-invention_4101423.html.

à ses effets physiologiques. « Les écrans et les usages qui en sont fréquemment faits, en soirée ou la nuit notamment, ont des effets négatifs directs et certains sur la quantité et sur la qualité du sommeil des enfants et des adolescents », peut-on lire dans le rapport de la commission d'experts sur l'impact de l'exposition des jeunes aux écrans remis à Emmanuel Macron en avril 2024[5]. 16 % des enfants de 11 ans et surtout 40 % de ceux de 15 ans présentent un déficit de plus de deux heures de sommeil par jour, en semaine… C'est un enjeu majeur de santé publique quand on sait la gravité du déficit de sommeil pour le développement – troubles du métabolisme, surcharge pondérale, problèmes cardio-vasculaires, affaiblissement de l'immunité, moindres performances cognitives (et moins bons résultats scolaires), aggravation ou déclenchement de problèmes de santé mentale…

Autres risques majeurs : l'explosion des troubles de la vision. « Les écrans contribueraient en particulier à l'épidémie de myopie qui touche les sociétés modernes », écrivent les auteurs du même rapport. Et le manque d'activité physique : « 37 % des enfants de 6 à 10 ans et 73 % des 11-17 ans n'atteignent pas les standards d'activité physique recommandés par l'Organisation mondiale de la santé, à savoir soixante minutes d'activité d'intensité modérée à soutenue chaque jour[6]. » Résultat : une épidémie de surpoids et d'obésité favorisée par « l'utilisation excessive » des

5. « Remise du rapport de la commission d'experts sur l'impact de l'exposition des jeunes aux écrans », *elysee.fr*, 30 avril 2024, https://www.elysee.fr/emmanuel-macron/2024/04/30/remise-du-rapport-de-la-commission-dexperts-sur-limpact-de-lexposition-des-jeunes-aux-ecrans.

6. N. Brafman, S. Cabut et P. Santi, « Écrans et risques pour la santé des enfants : Ce que dit la science », *Le Monde*, 27 mai 2024,

écrans. Consensus scientifique également quant aux effets néfastes des écrans sur le développement du langage et sur l'attention : « Une revue de la littérature citée par les auteurs du rapport, parue dans *Developmental Neuropsychology* incluant onze études, montre qu'une exposition prolongée aux écrans des enfants de moins de 12 ans est associée à de moindres capacités attentionnelles[7]. »

La commission d'experts autrice du rapport commandé par Emmanuel Macron a en revanche clairement pris ses distances avec la rumeur qui attribue aux écrans une responsabilité directe dans le déclenchement de troubles du neurodéveloppement, notamment l'autisme : « Les troubles du neurodéveloppement (TND), dont le TDAH (trouble du déficit de l'attention avec ou sans hyperactivité) ou les troubles du spectre de l'autisme, ne peuvent pas être imputables à l'usage d'un écran. Ces troubles sont en effet plurifactoriels et présents dès la naissance, ils ne peuvent en toute logique être causés par l'exposition, nécessairement ultérieure, aux écrans. » En revanche, « une exposition intense aux écrans va, dans certains contextes à risque, accroître l'intensité de l'isolement ou majorer la dépressivité de l'enfant, sans que cela signifie pour autant que les écrans sont la cause de ces troubles »[8], précise le professeur Richard Delorme, chef du service de pédopsychiatrie de l'hôpital Robert-Debré (AP-HP, Paris).

À ces effets physiologiques ou neurologiques s'ajoute l'impact sur la santé mentale des jeunes, notoirement dégradée depuis la crise du Covid-19. Mais là aussi, la

---

https://www.lemonde.fr/sciences/article/2024/05/27/ecrans-enfants-accros-chercheurs-inquiets_6235892_1650684.html.

7. *Ibid.*

8. *Ibid.*

commission refuse de faire peser toute la responsabilité sur les réseaux, soulignant même qu'ils peuvent jouer un rôle bénéfique. Elle se contente de noter que « les éléments sont suffisants pour indiquer qu'une consommation excessive des réseaux sociaux constitue un facteur aggravant de risque pour les jeunes présentant des vulnérabilités ». La psychiatre Catherine Jousselme est plus inquiète : « [Les jeunes] qui allaient mal vont encore plus mal avec un très fort déficit d'empathie. [Je suis] affolée du nombre croissant d'enfants et d'adolescents qui souffrent de refus scolaire anxieux et d'anxiété[9]. »

Vous l'aurez compris : la situation n'est pas désespérée mais elle demeure grave. Il est indispensable que les familles en prennent conscience, condition préalable à la résolution de la problématique.

L'attention doit porter particulièrement sur une des activités en ligne les plus pathogènes : le jeu vidéo. La puissance addictive du jeu, là encore, ne date pas d'hier. La société grecque voyait déjà l'addiction aux jeux de hasard et de dés comme une faiblesse, et Platon, dans ses écrits, les a critiqués pour leur capacité à provoquer l'irrationalité et la dépendance. À Rome, la *lex aleatoria* (la loi des dés), interdisait de jouer aux dés pour de l'argent la plus grande partie de l'année ; il n'était possible de parier que pendant les saturnales, la plus importante fête du calendrier, célébrée en décembre. Motif : ces jeux (et les paris) pouvaient conduire à la faillite ; l'addiction mener à l'abandon de ses responsabilités ; et l'expansion généralisée de ces addictions à la dégradation sociale. La décadence…

Par la suite, de nombreuses autorités ecclésiastiques et séculières ont tenté d'interdire ou de limiter ces

9. *Ibid.*

jeux, notamment au Moyen Âge. En Angleterre, le roi Richard Ier Cœur de Lion a réglementé les jeux de dés parmi ses soldats pendant les croisades pour éviter les distractions. L'Église catholique considérait quant à elle le jeu comme un péché, en particulier lorsqu'il était pratiqué de manière excessive. De nombreux sermons et textes religieux de l'époque en témoignent. Vers la fin du Moyen Âge et durant la Renaissance, une cité comme Venise, réputée pour son amour des jeux et des divertissements, avait néanmoins instauré des lois strictes réglementant les jeux de cartes et les maisons de jeux.

Les jeux de hasard ont également été interdits en Chine continentale à la fin de la dynastie Qing. Louis XIV, lui, les a réglementés et a établi la première loterie française en 1700 – l'idée étant que si quelque chose est mauvais mais populaire, mieux vaut que l'État en ait le monopole (songez aux taxes sur l'alcool ou les cigarettes…). Toutes les sociétés et les époques ont craint l'addiction aux jeux et son cortège de déviances.

En quoi la situation actuelle diffère-t-elle ? Comme souvent, le numérique apporte un changement de degré, et internet occasionne aussi un rajeunissement des comportements problématiques. Le risque d'addiction demeure bien sûr à tout âge. Une étude de *JAMA Pediatrics* parue en janvier 2024 indique que les nourrissons qui ont regardé la télévision à l'âge de 12 mois sont deux fois plus susceptibles de développer des déficiences sensorielles dans leur enfance que les autres[10].

10. JAMA Pediatrics, "Early-Life Digital Media Experiences and Development of Atypical Sensory Processing", https://jamanetwork.com/journals/jamapediatrics/article-abstract/2813443.

La surexposition aux écrans peut réduire la capacité d'attention d'un enfant, rendant plus difficile la concentration sur des tâches uniques ou prolongées, voire conduisant à un retard de développement. Les nourrissons qui passent trop de temps devant les écrans interagissent en effet moins avec leur environnement, notamment avec leurs parents, source essentielle d'acquisition du langage et de socialisation.

Nous sommes donc au-delà des risques d'addiction comme définis plus haut. La comparaison constante avec les autres sur les réseaux sociaux ou la pression pour réussir dans les jeux en ligne peut réduire l'estime de soi. Les enfants risquent de s'habituer à recevoir une gratification immédiate à travers des jeux ou des applications, ce qui peut réduire leur patience et leur persévérance face à des tâches plus exigeantes, ou mener, à long terme, à un refus de l'effort.

Défi #4 :

LUTTER CONTRE LA DÉSINFORMATION

> « Un mensonge peut faire le tour de la Terre le temps que la vérité mette ses bottes. »
>
> Mark TWAIN

S'il est bien un domaine dans lequel internet a décuplé des problèmes préexistants, c'est celui de la diffusion de fausses nouvelles. Comme les jeux de hasard, la désinformation a toujours existé. Elle constitue même un des éléments clés de toute guerre, et la base des relations entre deux parties ou pays en conflit.

L'histoire regorge d'épisodes de désinformation plus ou moins fructueux. Des exemples ? En juillet 1870, un incident diplomatique connu sous le nom de dépêche d'Ems a servi de prétexte au déclenchement de la guerre franco-allemande. La France, inquiète de la prétention d'un prince allemand au trône d'Espagne, craignait un encerclement par la Prusse. Bien que le prince Léopold de Hohenzollern-Sigmaringen ait retiré sa candidature sur les conseils du roi de Prusse Guillaume Ier, la France demanda au monarque d'assurer qu'il n'y aurait plus jamais d'autres prétendants prussiens, une requête que

Guillaume Ier refusa. C'est alors que le chancelier Otto von Bismarck entra en scène. Recevant un télégramme du roi relatant ces événements, il décida de le reformuler de manière provocante et de le publier dans la presse. Il rédigea une version condensée de la dépêche, omettant volontairement les parties concernant la renonciation à la Couronne, avant de la transmettre à tous les ambassadeurs.

La publication de cette dépêche manipulée provoqua des réactions nationalistes dans les deux pays. En France, elle fut perçue comme un affront à l'honneur national. Sans attendre d'explications diplomatiques, le gouvernement français, poussé par les députés, déclara la guerre à la Prusse le 17 juillet 1870. Cet incident, habilement orchestré par Bismarck, servit ainsi de catalyseur pour déclencher un conflit que la Prusse était prête à mener, tout en faisant apparaître la France comme l'agresseur aux yeux de l'opinion publique internationale. La dépêche d'Ems reste dans l'histoire comme un exemple frappant de manipulation diplomatique ayant eu des conséquences dramatiques.

La difficulté d'interprétation, ici, tient à l'imbrication de l'information et de la désinformation – tout n'est pas faux ; il faut séparer le bon grain de l'ivraie.

Les manœuvres orchestrées par les Alliés autour du débarquement en Normandie en 1944, dont on vient de célébrer le 80e anniversaire, en sont un autre exemple bien connu. Il a été précédé d'un vaste plan de désinformation visant à tromper les Allemands sur le lieu et la date de l'invasion alliée. Au cœur de ce dispositif se trouvait l'opération *Fortitude*, véritable chef-d'œuvre d'illusion militaire. *Fortitude* se décomposait en deux volets principaux : *Fortitude North*, destinée à faire croire à une invasion imminente de la Norvège par les Alliés, et *Fortitude South*, dont l'objectif était de convaincre les Allemands que le débarquement principal aurait lieu dans le Pas-de-Calais plutôt qu'en Normandie. Pour donner corps à cette fiction, une armée fantôme, la First United States Army Group, fut créée de toutes pièces, avec à sa tête le charismatique général Patton. Des leurres, tels que de faux chars et avions, furent déployés dans le sud-est de l'Angleterre pour renforcer l'illusion.

Mais *Fortitude* n'était qu'une pièce du puzzle. L'opération *Bodyguard*, qui l'englobait, visait à brouiller les pistes à l'échelle européenne en propageant de fausses informations par l'entremise d'agents doubles et de canaux diplomatiques. Le Double-Cross System, un réseau d'agents doubles contrôlés par les services secrets britanniques, joua un rôle clé dans la transmission d'informations trompeuses aux Allemands. De faux plans d'invasion et des documents falsifiés furent également diffusés pour égarer les services de renseignement ennemis. La nuit même du débarquement, l'opération *Taxable*, une diversion audacieuse, consista à larguer des leurres radar pour simuler une flotte fantôme se dirigeant vers le Pas-de-Calais.

Ce maelström de désinformation porta ses fruits. Hitler et une partie du haut commandement allemand restèrent persuadés – même après le débarquement – que l'attaque principale aurait lieu dans le Pas-de-Calais, ce qui contribua grandement à l'effet de surprise lors du D-Day en Normandie le 6 juin 1944 et retarda l'envoi de renforts allemands… Les opérations de désinformation furent ainsi un rouage essentiel du succès de ce jour qui changea le cours de l'Histoire.

Ces exemples, fameux, illustrent la volonté de tromper un petit nombre de décideurs. Mais comment tromper tout un peuple ? C'est l'objet, depuis toujours, de la propagande. Elle existe sous des formes rudimentaires depuis l'Antiquité mais sa banalisation est intimement liée à l'histoire des techniques, comme l'a montré l'historien David Colon[1]. Elle se déploie tout autant dans les démocraties que dans les régimes totalitaires : « La Révolution française a inventé la propagande politique moderne. Et les démocraties en guerre ont créé entre 1914 et 1918 les premières structures de propagande de masse à destination de leur propre population. À l'époque, toutefois, la propagande était perçue comme une mesure d'exception et les organes de propagandiste ont été dissous à la fin du conflit. Ce n'est que lorsque les régimes autoritaires et totalitaires ont repris et perfectionné les dispositifs et les techniques de propagande que les démocraties ont perçu la nécessité de faire sortir la propagande d'un régime d'exception pour la considérer désormais comme un outil ordinaire de l'exercice du pouvoir. Depuis, la propagande est indissociable de la démocratie, à la fois comme outil de fabrique du consentement (à la guerre, à l'impôt, aux réformes) et, plus récemment, de gouvernance des conduites individuelles[2]. »

« La propagande est indissociable de la "société technicienne", telle que la décrivait Jacques Ellul, ajoute David

1. D. Colon, *Propagande. La manipulation de masse dans le monde contemporain*, Belin, 2019.

2. É. Campion, « David Colon : "La propagande a pour but de fournir une version simplifiée du monde" », *FigaroVox*, 4 janv. 2019, https://www.lefigaro.fr/vox/histoire/2019/01/04/31005-20190104ARTFIG00306-david-colon-la-propagande-a-pour-but-de-fournir-une-version-simplifiee-du-monde.php.

Colon. Elle est très largement le produit des techniques de communication qui, loin de se contenter de la véhiculer, en façonnent les contours, les techniques et les effets. [...] L'avènement des médias électroniques marque une rupture par rapport à l'âge de ce que Marshall McLuhan appelait les "médias électriques" (la télévision et la radio). À la différence des médias de masse traditionnels, les médias électroniques permettent un retour instantané du récepteur vers l'émetteur, ainsi qu'une ultrapersonnalisation du message, à mesure que le "Data Mining" permet d'affiner la connaissance de chaque individu.

« Le web 2.0 a de ce point de vue donné naissance à une propagande 2.0, ciblée, personnalisée et de plus en plus automatisée. Cette propagande cybernétique est d'autant plus redoutable qu'elle est de moins en moins perceptible. Et il devient très difficile d'y échapper. Les citoyens des régimes autoritaires du XXe siècle n'avaient pas de mal à identifier ce qui était ou non de la propagande : ils pouvaient donc choisir de ne pas s'y exposer, par exemple en n'allant pas au cinéma, et ils avaient souvent la faculté d'y échapper dans leur sphère privée. Or, sauf à vivre totalement déconnectés, les citoyens du XXIe siècle ne peuvent plus échapper à la propagande, dès lors que 2,5 milliards d'individus utilisent un smartphone, équivalent moderne du "télécran" imaginé par Barjavel et Orwell[3]. »

À ces mécanismes techniques, sociaux et politiques, il faut en ajouter deux. Le premier est psychologique. Les algorithmes des réseaux sociaux proposent des contenus qui plaisent en se fondant sur « l'engagement » (ce que vous lisez, regardez, cliquez, commentez...) ; or, ce qui

3. *Ibid.*

suscite de l'engagement, ce sont surtout des contenus marquants, voire choquants. Il y a une grande vitalité (et donc viralité) de ce qui est outrancier.

Les contenus extrêmes, tels des électrochocs, provoquent des réactions émotionnelles d'une rare violence, éveillent chez le spectateur un irrépressible besoin de réagir, de commenter, de partager. L'effet de surprise agit comme un filet, capturant l'attention des utilisateurs et les retenant captifs de leur écran. Les sujets polémiques, telles des étincelles, embrasent les conversations, transforment les fils de discussion en arènes où s'affrontent les opinions. Leur diffusion s'appuie aussi sur plusieurs biais cognitifs, dont le biais de confirmation (notre tendance à aller vers des contenus qui confortent nos convictions). Les algorithmes favorisant les contenus qui suscitent le plus d'interactions, ils créent un cercle vicieux où l'outrance règne.

Les plateformes ont tout intérêt à s'appuyer sur ces mécanismes : chaque seconde passée sur leurs sites, chaque interaction, se traduit en recettes publicitaires. L'engagement devient le mètre étalon du succès, encourageant toujours plus la création de contenus provocateurs.

Le deuxième mécanisme qui accroît l'emprise des fausses informations réside dans le saut technologique apporté par l'IA et le métavers. Il devient de plus en plus difficile de distinguer la réalité du mensonge.

Les studios Universal ont ainsi réalisé une série très crédible intitulée *The Undeclared War*, où le spectateur découvre à la fin qu'une guerre mondiale a failli être déclenchée sur la base d'images et d'informations entièrement fabriquées. Certes, il s'agit d'une fiction. Mais plus personne (ou presque) ne conteste le fait que des trolls financés par la Russie sont intervenus pour favoriser les votes anglais en faveur du Brexit et qu'ils ont essayé d'influencer les résultats des élections américaines de 2022. De même, ils ont récemment pesé sur le déroulement des élections slovaques. Aujourd'hui, Ukrainiens et Russes multiplient les déclarations, photos ou reportages à l'appui, concernant les attaques et victoires de chaque camp, sans qu'aucun média ne puisse garantir la véracité des faits. Les « ingénieurs du chaos » sont partout à l'œuvre, pour reprendre le titre du livre de Giuliano da Empoli[4].

Une telle puissance impose une responsabilité aux acteurs du numérique. L'assumeront-ils ? Rien n'est moins sûr, sachant que chacun agit d'abord en fonction de ses intérêts propres. Un acteur privé comme Elon Musk a pu décider, au début de la guerre en Ukraine, de mettre son réseau Starlink au service de l'Ukraine, avant d'être accusé par les autorités ukrainiennes de permettre aux forces armées russes d'utiliser ses satellites (ce qu'il a contesté). Un autre (ou lui-même) pourrait tout aussi bien décider d'aider la Russie (laquelle semble par ailleurs avoir trouvé des moyens d'utiliser Starlink[5]).

En règle générale, faire confiance à la responsabilité individuelle dans un domaine aussi grave ne paraît pas être une réponse adéquate à l'importance de ce problème. Dans l'état actuel de nos connaissances, il ne semble pas qu'il y ait de vraies réponses à cette problématique, dont les effets dans un avenir proche donnent le vertige.

---

4. Giuliano da Empoli, *Les Ingénieurs du chaos*, JC Lattès, 2019.

5. M. Untersinger, « Guerre en Ukraine : La société Starlink d'Elon Musk accusée de laisser les forces russes utiliser ses satellites », *Le Monde*, 13 fév. 2024, https://www.lemonde.fr/pixels/article/2024/02/13/guerre-en-ukraine-la-societe-starlink-d-elon-musk-accusee-de-laisser-les-forces-russes-utiliser-ses-satellites_6216354_4408996.html.

Jamais des acteurs privés n'ont eu entre leurs mains de tels pouvoirs. On ne peut qu'espérer que les évolutions futures d'internet permettront de trouver les bonnes solutions en neutralisant ces risques. Pour l'heure, elles n'existent pas.

Défi #5 :

PROTÉGER LE DROIT D'AUTEUR

Les médias n'existent que par la qualité et, dans une certaine mesure, la quantité de contenus qu'ils produisent. C'est ce qui tisse le lien avec leur audience et leur permet de gagner de l'argent, en vendant leurs informations au public et/ou en vendant leurs audiences aux annonceurs publicitaires. Comme le dit le personnage de Phineas Mitchell (joué par Gene Evans) dans le film *Violences à Park Row*[1], qui se présente comme un hommage au journalisme américain : « Les nouvelles amènent les lecteurs ; les lecteurs amènent la publicité. »

Il est essentiel d'avoir à l'esprit cette hiérarchie : c'est bien le contenu qui distingue chaque média de ses concurrents et le rend unique. Il est le socle et le carburant de son modèle économique, que ce dernier soit fondé sur la vente et/ou sur la publicité.

Les médias vont donc investir lourdement et en permanence dans leurs contenus, et pour ce faire, dans leurs équipes éditoriales, en nombre et en qualité. Il leur est également essentiel de protéger leurs contenus. Si un article ou une vidéo sont copiés ou dupliqués et diffusés

1. Samuel Fuller, *Violences à Park Row*, 1952.

par d'autres, leur valeur est réduite à néant. L'instrument de cette protection, en France, est le droit d'auteur.

Cette notion apparaît pour la première fois en Angleterre dès 1710 dans un texte intitulé Statute of Anne. Cette loi, promulguée sous le règne de la reine Anne, est considérée comme la première législation moderne sur le droit d'auteur. Auparavant, les droits sur les œuvres littéraires étaient principalement contrôlés par les éditeurs et les libraires, notamment par le biais des privilèges royaux et des monopoles accordés par la Couronne. Cette loi est officiellement sous-titrée « *An Act for the Encouragement of Learning, by vesting the Copies of Printed Books in the Authors or Purchasers of such Copies, during the Times therein mentioned* » (« Acte pour l'encouragement de l'apprentissage, par la dévolution des copies des livres imprimés aux auteurs ou aux acheteurs de ces copies, pendant les temps qui y sont mentionnés »). Elle transfère les droits d'auteur des éditeurs aux auteurs eux-mêmes, leur accordant ainsi un contrôle direct sur leurs œuvres. Cette loi prévoyait une durée de protection de 14 ans, renouvelable une fois si l'auteur était encore en vie à l'expiration de la première période. Elle fut soutenue par des auteurs éminents de l'époque, tels que Jonathan Swift (*Les Voyages de Gulliver*) et Daniel Defoe (*Robinson Crusoé*), qui voyaient en elle une protection contre l'exploitation de leurs œuvres par les éditeurs. Il est important de souligner qu'elle ne visait pas seulement à créer un équilibre plus équitable entre auteurs et éditeurs, mais aussi à stimuler la création littéraire et intellectuelle.

Le Statute of Anne a eu un impact durable sur le développement du droit d'auteur, non seulement en Grande-Bretagne mais aussi à l'international. En France, par exemple, la loi britannique a servi de modèle pour les législations ultérieures sur le droit d'auteur, influençant la manière dont les droits des auteurs étaient perçus et protégés.

Sont ainsi définies la reconnaissance de la notion d'auteur comme titulaire des droits, la durée des droits (limités dans le temps) et la différence entre domaine privé et domaine public. Le droit d'auteur est bien le droit d'un auteur sur sa création, qui ne peut pas être contesté et encore moins ignoré. Toute utilisation ou reproduction d'une création ne peut se faire sans l'accord de l'auteur ni une juste rémunération. En protégeant les auteurs, ce droit va favoriser le développement des œuvres et des idées et donc jouer un rôle essentiel dans l'évolution de nos sociétés et l'innovation.

Ce sujet va resurgir lorsque les acteurs du numérique vont mettre à la disposition des internautes une masse d'informations collectées sur de très nombreuses bases de données consultées et réunies… au mépris de la notion de droit d'auteur.

***

La position initiale des géants de la tech sur cette question était en effet totalement inverse.

Purement mercantile (sans aucune notion péjorative dans ce mot), elle peut se résumer ainsi : « Nous avons fortement investi dans un outil technologique qui fonctionne et donne satisfaction à nos clients ; il nous faut aujourd'hui le rentabiliser et nous ne devons continuer à investir que dans des secteurs ou activités qui intéressent directement nos clients, et sont donc rentables. Tout dollar dépensé doit être justifié par sa rentabilité. Si nous publions des articles de journaux, que vont-ils nous rapporter ? » Dit autrement : si une recette de gâteau au chocolat rapporte plus d'argent (en termes de nombre de visiteurs) qu'un article sur la guerre en Ukraine, pourquoi payer pour diffuser cet article ? Notez que les sites, souvent, ne paient pas plus la recette du gâteau au chocolat : ils proposent aux internautes de partager les leurs, ce que ces derniers s'empressent de faire.

C'est ce raisonnement, imparable du point de vue d'une société technologique mais inacceptable pour un média, qui occasionna le premier échange – robuste – entre Google et les représentants de la presse évoqué en ouverture de ce livre.

Pour Google, l'information n'avait pas de valeur directement monétisable, il était donc hors de question de payer pour en diffuser. À quoi les représentants de la presse répondaient que leur métier est de produire des contenus intéressants et recherchés et qui ont donc de la valeur. Ils ajoutaient que si Google les référençait et les mettait en avant, c'est bien qu'ils avaient une valeur…

Difficile d'ouvrir une discussion sur des bases plus antagonistes.

L'issue a été de s'appuyer sur la notion de « droit voisin du droit d'auteur ». Instaurés en France par la loi du 3 juillet 1985, les droits voisins sont régis par le Code de la propriété intellectuelle ; ils ont été renforcés par diverses directives européennes, notamment celle de 2019 qui impose aux plateformes en ligne de rémunérer les ayants droit pour l'utilisation de leurs contenus. En effet, la loi de 1985 ne concernait pas la presse (les droits voisins étaient accordés à des artistes-interprètes, des producteurs de phonogrammes et de vidéogrammes, des entreprises de communication audiovisuelle, de télédiffusion par satellite et de retransmission par câble[2]).

Après plusieurs années de négociations, Google a accepté le principe d'une telle rémunération. Les droits voisins permettent de rémunérer les auteurs et les éditeurs des médias tout en respectant le droit d'auteur. Restait à s'entendre sur le montant que Google allait reverser aux éditeurs (qui eux-mêmes en reversent une partie à leurs journalistes), ce qui n'a pas été le plus simple, les éditeurs de presse demandant à rapporter les montants versés aux profits dégagés par Google, difficilement analysables par pays ou par activité et difficilement corrélables aux contenus eux-mêmes.

Les négociations ont avancé lorsque tous les éditeurs dans le monde (en Europe, en Australie, puis même aux États-Unis) ont repris et amplifié cette demande, menaçant même Google de lui interdire l'accès aux informations de leurs pays. La discussion n'est toutefois pas encore complètement terminée puisque certains acteurs du numérique continuent de vouloir contester la rémunération obtenue : c'est en particulier le cas de Facebook, et surtout de X (anciennement Twitter) qui menace de déréférencer les pays qui s'obstineraient à vouloir demander une rémunération pour l'utilisation de leurs contenus.

Le problème est plus compliqué encore avec l'IA qui se nourrit des informations qu'elle récupère mais qui n'apparaissent pas comme telles et que nous ne pouvons donc plus identifier dans les productions de l'IA. Comment revendiquer des droits sur des contenus qui

---

2. Fiches d'orientation Dalloz, « Droits voisins », *dalloz.fr*, juil. 2023, https://www.dalloz.fr/documentation/Document?id=DZ%2FOASIS%2F000378.

ne peuvent plus être identifiés ? Et pourtant l'IA ne peut produire ses contenus que parce qu'elle se nourrit d'apports extérieurs. Deux logiques complètement opposées s'affrontent, mais il est évident que la presse ne peut pas céder sur ce qui est sa raison même d'exister, *a fortiori* dans les pays libres, où elle joue un rôle central dans le fonctionnement de la démocratie. L'affolante richesse des acteurs du numérique – aussi bien en termes de résultats financiers que de capitalisation boursière – ne les place pas, sur le plan moral, dans la meilleure position pour négocier (à l'évidence, ils peuvent payer).

La Silicon Valley sera-t-elle plus forte que le Statute of Anne ? La question reste ouverte.

Défi #6 :

RÉINVENTER LES MÉTIERS POUR SAUVER L'EMPLOI

« Merci, cher Carlo, pour cette passionnante étude qui montre que l'e-commerce crée des emplois au niveau global, peut-être. Mais notre problème est qu'il ne les crée pas aux endroits où il les détruit. » Nous sommes en 2014. C'est Günther Oettinger qui parle. Il est alors commissaire européen à l'Économie et à la Société numérique et il réagit à la présentation par Carlo d'une étude indépendante réalisée par un cabinet de conseil de renommée mondiale.

Cette dernière soutient que l'e-commerce créera plus d'emplois qu'il n'en détruira. À juste titre, en tout cas pour la première partie de la proposition. L'e-commerce génère en effet des emplois en logistique : pour la distribution et les entrepôts ; en développement numérique : sites web, marketing numérique, gestion de plateformes ; et enfin pour gérer de nouveaux services tels que le paiement en ligne, la sécurité numérique et le service client. Mais ces emplois, il les crée à l'échelle d'un pays, éventuellement d'un continent. La perspective est différente au niveau local. Là, les effets sont souvent négatifs :

magasins traditionnels rendus obsolètes dans des centres-villes qui se désertifient, remplacement des caissiers par des machines électroniques, moindres besoins de vendeurs. L'automatisation de la gestion des stocks et des commandes a également un impact négatif et menace les emplois à moyen et long terme dans les mêmes lieux où l'e-commerce en crée de nouveaux.

Le raisonnement de ce cabinet d'études est donc borgne, et c'est ce que souligne Günther Oettinger : l'e-commerce ne détruit peut-être pas d'emplois en volume, au niveau global, mais il les transforme et les déplace d'un lieu ou d'un secteur à un autre. En somme, la question n'est pas seulement celle de la création ou de la destruction des emplois mais surtout celle de leur localisation et de leur nature. C'est aussi ce que montrent plusieurs études chiffrées. Pour l'European Policy Centre (EPC), environ 20 millions d'emplois vont disparaître d'ici 3 à 5 ans, ce qui affectera 10 % de la main-d'œuvre européenne. Pour Kristalina Georgieva, directrice générale du Fonds monétaire international (FMI), 40 % des emplois sont exposés à l'IA – l'évaluation monte à 60 % dans les pays les plus avancés.

Certaines pertes d'emploi paraissent déjà évidentes. Les services clients et les centres d'appels seront remplacés par les *chatbots* (robots conversationnels) et les assistants virtuels. Les tâches de saisie de données, la gestion de la comptabilité de base, la planification sont déjà effectuées, de nos jours, par des IA dont l'usage se diffuse auprès d'entreprises et d'institutions de tailles de plus en plus petites au fur et à mesure que l'IA devient plus efficiente et personnalisable.

Le transport et la logistique vont encore évoluer : chauffeurs routiers, livreurs et chauffeurs de taxi sont menacés par les véhicules autonomes. Cela peut sembler lointain et la régulation peut le retarder, mais rappelons que les taxis autonomes de Waymo effectuent déjà 50 000 courses par semaine en Californie (selon des chiffres de juin 2024). Waymo est l'héritière des voitures sans pilote de Google. Sans surprise, c'est par un usage professionnel que débute l'utilisation de masse des voitures sans pilote, mais l'usage privé se développera à terme. Pensez aux camions qui effectuent le même trajet régulièrement ou aux drones de livraison qu'Amazon teste en ce moment… Rien de plus simple à automatiser. Il est aussi certain que la robotique, couplée à l'IA, va remplacer des ouvriers dans les activités à risque comme le bâtiment ou la chimie et là où l'efficience est plus facile à obtenir, comme dans la fabrication de nombreux objets.

Idem dans la presse. La rédaction de contenus basiques par l'IA générative est déjà en cours de développement. Les textes que rédige une IA comme ChatGPT ont certes besoin d'être relus, vérifiés et validés par des humains, mais le temps gagné en recherche d'informations et en rédaction est significatif. Le même phénomène est observable dans les métiers du droit et du conseil : les assistants juridiques et les analystes sont déjà remplacés par l'IA (préparer un contrat ou rechercher un précédent sont des tâches automatisées et pratiquement immédiates).

Nous arrêtons ici pour ne pas nous livrer à un inventaire à la Prévert – expression dont le caractère péjoratif est injuste d'ailleurs, car le talent de Prévert pour créer l'absurde et rechercher dans la variété un ensemble poétique peut nous aider à réfléchir à des associations inédites – « Peindre d'abord une cage / Avec une porte ouverte / Peindre ensuite / Quelque chose de joli / Quelque chose de simple / Quelque chose de beau… »

L'enjeu de ce bouleversement des emplois n'est pas seulement économique et social. Il touche aussi nos vies de tous les jours, notre façon de socialiser, de « faire société ». Le *dating* sur les applis de rencontres se substitue aux rencontres dans les bars, les clubs ou les lieux de vie sociale. Les plateformes de vidéos vident les salles de cinéma de leur public et raréfient les moments de partage d'expériences communes. La livraison de repas à domicile peut désertifier les restaurants, au moins certains d'entre eux… Les cours de langue ou de code de la route sur mobile affectent la fréquentation des écoles qui les délivrent *in situ*. Les séances de fitness ou de yoga en ligne en font autant avec les salles de sport. Il en va de même du shopping en ligne. Ou, bien sûr, de l'éducation[1]. L'IA permettra un tutorat diversifié, personnalisé en fonction des connaissances et des objectifs de chacun, pour un coût incomparablement inférieur à celui de l'éducation « en présentiel ». Écoles et universités pourront être concurrencées par des plateformes d'éducation nourries à l'IA.

Nous avons déjà décrit les effets possibles de la réalité virtuelle et du métavers ; ils accentueront cette tendance, de même que les hologrammes ou la téléprésence, notamment dans la formation et le divertissement – pourquoi aller dans un parc d'attractions si un casque virtuel permet de vivre la même sorte d'expérience ?

Toutes ces évolutions auront certes un effet collatéral positif : notre empreinte carbone diminuera si nous restons chez nous plus souvent, et encore, à condition que la consommation d'énergie ne soit pas simplement

---

1. *Cf.* E. Davidenkoff, *Le Tsunami numérique. Éducation : tout va changer ! Êtes-vous prêts ?*, Stock, 2014.

déplacée (celle des data centers comme celle de la chaîne logistique qui nous permet de consommer sans quitter notre salon). De même, on peut rêver d'une relocalisation des emplois dans les campagnes grâce au télétravail, et imaginer que le temps libéré par la multiplication des IA nous incite à nous former et à nous cultiver davantage – après tout, le secteur du tourisme de masse est le fils de l'industrialisation du début du XXe siècle ; pourquoi une société des loisirs et de l'éducation ne naîtrait-elle pas de l'ère de l'IA ?

***

Après sa rencontre initiale avec Günther Oettinger, Carlo a plusieurs fois participé à l'Europa Forum de Lech (Autriche) pour réfléchir aux impacts du numérique. Ce mini-Davos, promu par Günther Oettinger, réunit des patrons d'entreprise, des régulateurs, des philosophes et propose de regarder une question à travers le prisme de professions différentes, afin d'éviter les biais naturels à chaque métier et d'obtenir une vision d'ensemble la plus objective possible. Il invite également à se demander quel impact le développement des centres de données (data centers) aurait sur l'énergie ou à analyser l'influence de l'e-commerce sur le secteur automobile afin de comprendre les interactions entre les différents domaines et le poids de la technologie dans la globalisation. Pour parler de façon complète des effets de la révolution numérique sur l'emploi, il faut poser trois questions : Quels types d'emplois sont créés ou détruits ? Où le sont-ils ? Quel est le tempo de ces changements ?

Cette dernière question est socialement stratégique. Il faut du temps pour créer de nouvelles professions numériques, moins pour détruire les emplois locaux. Les mutations engendrées provoquent des changements lourds. Occasionnent-elles une plus forte concentration urbaine ? Il y aura moins de travail dans les zones rurales. La dématérialisation des technologies risque-t-elle d'entraîner leur relocalisation ou leur délocalisation ? Des zones industrielles seront affectées (voire désaffectées).

Nous reviendrons longuement sur la nécessité de réguler le numérique au niveau européen, mais disons d'ores et déjà que la question de l'emploi fait partie des meilleurs arguments en faveur d'une telle régulation. Plus largement on observe la concurrence globale, meilleures sont nos chances de permettre à l'Europe de créer des alternatives aux grands opérateurs américains et chinois, et cela dans tous les secteurs. Cela passe par une révision des règles sur les fusions transfrontalières, en particulier dans la technologie, la logistique et le transport mais aussi dans tous les métiers nouveaux que le numérique, conjugué à la mondialisation, fait émerger. Et surtout : penser global.

Nous l'avons vu, le numérique abat les barrières entre secteurs – la fintech (contraction de « finance » et « tech ») menace la banque et l'assurance, les trains à grande vitesse concurrencent les avions, les plateformes de locations saisonnières impactent l'hôtellerie traditionnelle, la vente de médicaments en ligne affecte les pharmacies de quartier, la bio-impression et les nanorobots révolutionnent la médecine, le streaming met en péril la télévision, les suppléments nutritionnels (dont la composition pourra à l'avenir être hyperpersonnalisée) heurtent l'industrie alimentaire.

Ces bouleversements ont un effet direct sur nos sociétés. On peut d'ailleurs déjà l'observer, comme le fait notamment dans ses livres le politologue Jérôme Fourquet[2], qui dirige le département Opinion et Stratégies d'entreprise de l'institut de sondage Ifop. C'est aussi la thèse de l'essayiste Vincent Cocquebert : « Ce que j'ai appelé dans mon précédent livre la "société du cocon" correspond à une phase de repli domestique, idéologique, psychologique et même territorial, où l'on entre en quête de protection, de sécurité, de bien-être, d'entre-soi. Le numérique nous a permis de réaliser cette pulsion d'isolationnisme et de sécession domestique, en faisant entièrement venir le monde à nous. Nous ne sommes plus seulement, comme l'analysait le sociologue Norbert Elias, traversés par le sentiment individuel d'être séparés du reste de la société. Nous sommes désormais repliés sur nous-mêmes et en lutte permanente avec un monde que l'on souhaiterait soumettre à notre mesure[3]. »

La plupart de ces évolutions ont été engagées par le numérique. L'IA va les accélérer et poser de nouveaux défis en termes d'emploi mais va aussi donner, à travers l'éducation et le travail à distance, la possibilité de repenser l'emploi au niveau local.

Faut-il les combattre comme les luddites qui, dans l'Angleterre du XIXe siècle, à l'orée de la révolution industrielle, détruisaient les métiers à tisser mécaniques qui

2. J. Fourquet, *L'Archipel français. Naissance d'une nation multiple et divisée*, Seuil, 2019 ; avec M. Gariazzo *et al.*, *En immersion. Enquête sur une société confinée*, Seuil, 2020 ; avec J.-L. Cassely, *La France sous nos yeux. Économie, paysages, nouveaux modes de vie*, Seuil, 2021.

3. V. Faure, « Vincent Cocquebert, essayiste : "À l'ère de l'egocène, on veut un monde qui soit le reflet de notre moi" », *Le Monde*, 28 oct. 2023, https://www.lemonde.fr/m-perso/article/2023/10/28/vincent-cocquebert-essayiste-a-l-ere-de-l-egocene-on-veut-un-monde-qui-soit-le-reflet-de-notre-moi_6196901_4497916.html.

allaient supprimer leurs emplois ? Un siècle plus tard, des mouvements antiprogrès technologique affectèrent de la même façon la taylorisation et la mécanisation des usines. Avec le recul, il est aisé de dénoncer leur manque de vision. Les pertes d'emploi à court terme ont été plus que compensées par les créations d'emploi ultérieures. Les sociétés et les économies se sont adaptées, de nouveaux métiers ont répondu à de nouveaux besoins. Les pays qui s'en sont le mieux sortis sont ceux qui ont réussi à réformer leurs systèmes d'éducation et de formation.

Cette fois, un facteur change la donne : l'IA, plus encore que les précédentes innovations numériques, apporte des changements globaux et d'une rapidité fulgurante. L'avenir dira si, cette fois encore, de nouveaux emplois remplaceront les anciens. Le passé encourage à rester optimiste.

Des métiers comme ceux de *data scientist* (analyste de données) et d'ingénieur en IA ont déjà déferlé dans la finance, la santé et la technologie. Le contrôle et la régulation font, et feront naître, des besoins en assistance à la gestion de systèmes IA, en vérification des paramètres éthiques et de biais, en maintenance et surveillance des systèmes automatisés 24 heures sur 24. Certains de ces emplois pourront être délocalisés. À plus long terme, la nature de quasiment tous les métiers va changer avec l'IA. Mais à chaque étape, cela suscitera des besoins nouveaux pour créer, analyser, contrôler et superviser les dispositifs innovants.

Au risque d'un excès d'optimisme, pourquoi ne pas imaginer aussi un formidable développement des métiers du social qui, eux, sont moins menacés par l'IA ? Consacrer plus de temps, professionnellement ou par engagement personnel, au soutien des personnes âgées, aux enfants qui en ont le plus besoin, au relais de causes locales ou internationales… Il faudrait pour cela concevoir une répartition des richesses différente et rémunérer dignement ces professions pour qu'elles deviennent plus attrayantes, ce qui est avant tout affaire de choix politiques.

La conviction qui porte ce livre est que nous demeurons, individuellement et collectivement, maîtres de nos destins. Les solutions ne viendront pas d'elles-mêmes. Repensons notre modèle social et consumériste, nos modèles d'urbanisme, de loisirs, interrogeons notre rapport à la nature, intéressons-nous aux autres et (re)bâtissons nos sociétés à l'ère de l'IA. Poussons ceux qui nous gouvernent, à toutes les échelles (du local au mondial), à comprendre l'impact positif que ce changement, inéluctable, peut apporter et à le soutenir.

Défi #7 :

ENDIGUER LE RÉCHAUFFEMENT CLIMATIQUE

> « Il n'y a pas de passagers sur le vaisseau Terre, nous sommes tous des membres de l'équipage. »
>
> Marshall McLuhan

De prime abord, l'extraordinaire voracité énergétique du numérique, accrue par l'IA, est une mauvaise nouvelle pour notre planète, déjà éreintée par les effets du réchauffement climatique. Nous le disons avec d'autant plus de gravité que nous écrivons ces lignes alors que tournent en boucle les images des inondations meurtrières qui ont ravagé la région de Valence, en Espagne, et que l'Organisation météorologique mondiale (OMM) vient de sonner « l'alerte maximale face au rythme effréné imprimé au changement climatique » : son rapport provisoire sur l'état du climat en 2024 indique que 2024 est en passe d'être l'année la plus chaude jamais observée, devant 2023, et qu'elle s'avère être la première pour laquelle le réchauffement dépasse de 1,5 °C la période préindustrielle.

Selon McKinsey, la demande en électricité des data centers en Europe devrait presque tripler d'ici à 2030, passant de 62 TWh en 2020 à plus de 150 TWh, ce qui représenterait environ 5 % de la consommation totale d'électricité en Europe, tous usages confondus. Les résultats sont les mêmes pour les États-Unis – 73 TWh en 2020 et 200 TWh en 2030, soit 5 % de la consommation. La Banque publique d'investissement (Bpifrance) est encore plus alarmiste. Reprenant une étude de Huawei de 2015, elle évalue à 13 % la part des data centers dans la consommation totale d'énergie en 2030[1]. Selon la même étude, le secteur numérique représenterait au total en 2030 51 % de la consommation énergétique mondiale. L'Agence internationale de l'énergie (AIE) prévient également : la demande d'énergie pourrait augmenter de près de 50 % d'ici à 2050, en raison de la croissance démographique et économique, notamment dans les pays en développement.

L'impact sur l'environnement est massif. Dès 2019, le numérique mondial était responsable de l'émission d'environ 1 400 millions de tonnes de CO_2, soit 3,8 % des émissions mondiales de gaz à effet de serre. À titre de comparaison, la même année, l'aviation civile représentait 2,5 % des émissions mondiales de CO_2 selon un rapport du cabinet d'expertise Green IT. Toujours selon Green IT, la production et l'utilisation des technologies numériques nécessitent 7,8 millions de mètres cubes d'eau douce chaque année, soit l'équivalent de 3,1 millions de piscines olympiques.

Une dernière comparaison. Un centre de données de grande taille, comme ceux de Google, Amazon ou

1. L'institut pour la recherche de la Caisse des Dépôts, « Les data centers, ou l'impossible frugalité numérique », *Les Cahiers de recherche*, https://www.caissedesdepots.fr/sites/default/files/2024-02/240213_Cahiers%20de%20recherche_2020_DATA%20-%20MAJ.pdf.

Microsoft, peut consommer entre 20 et 50 MWh de puissance en continu. Cela signifie 175 GWh par an, soit l'alimentation d'une ville de 50 000 habitants. En 2023, les data centers en Irlande auraient consommé 21 % de l'électricité totale du pays, surpassant la consommation des ménages urbains qui représentait 18 %. La croissance importante de celle des data centers rendra bientôt pertinente la comparaison avec celle d'une métropole.

Le numérique est devenu l'un des secteurs les plus consommateurs d'énergie. Cette consommation ne baissera pas.

Il faut aussi considérer que l'impact du numérique, ce n'est pas seulement une empreinte carbone, des émissions de gaz à effet de serre et de la consommation énergétique, c'est aussi une forte consommation de métaux (or, lithium, coltan) ou de terres rares pour les batteries. Tout cela, bien sûr, génère des déchets à recycler ou à stocker avec des risques de libération de substances toxiques dans l'environnement – à ce propos, nous avons juste cité la consommation d'eau douce des data centers sans parler de leur consommation dans la production de composants…

Faut-il en conclure que l'IA étant le premier segment de croissance du numérique en consommations, elle est définitivement mauvaise pour l'environnement ? Ce serait aller vite en besogne et confondre causalité et corrélation.

Le numérique en général et l'IA en particulier peuvent en effet receler une partie de la solution, en conduisant à des économies d'énergie aussi bien pour eux-mêmes que pour les autres secteurs consommateurs d'énergie.

Nous sommes nombreux à l'avoir vérifié lors de la pandémie de Covid-19 : la visioconférence fait moins voyager. Selon le MIT, une heure de visioconférence émet entre

150 et 1 000 grammes de CO_2, dépendamment de la qualité de la vidéo. Soit l'équivalent, en moyenne, de 9 kilomètres en voiture ou de deux jours de consommation d'une ampoule à incandescence.

Mais surtout, le numérique rend possibles des économies d'énergie dans de nombreux secteurs, *a fortiori* quand on met en œuvre l'IA. L'utilisation de capteurs intelligents et d'algorithmes d'analyse de consommation de l'énergie permet de réguler cette consommation en fonction des besoins réels, soit une économie très importante que l'on évalue de 20 à 30 % dans les bâtiments résidentiels comme commerciaux. Les itinéraires des flottes de camions, d'automobiles ou d'avions peuvent être optimisés en évitant les trajets à vide, en rationalisant les flux ou en promouvant le covoiturage (l'économie est du même ordre de grandeur que pour les bâtiments).

L'utilisation de l'internet des objets, boosté par l'IA, pour surveiller et perfectionner en continu les processus a aussi un impact important : de 20 à 40 % d'économies d'énergie, sans compter la moindre génération de déchets et l'optimisation des usages des équipements, qui durent plus longtemps selon de nombreuses études d'universités américaines ou de cabinets de conseil. La maintenance prédictive permet, elle, de contrôler en temps réel l'état des machines et d'anticiper les défaillances. Cela diminue les temps d'arrêt, maximise l'utilisation des équipements, évite les pannes coûteuses... EDF ne publie pas de chiffres officiels sur le sujet, mais souligne que l'IA contribue significativement à la transition énergétique en lui donnant la possibilité d'analyser et d'optimiser la demande et en améliorant ainsi l'efficacité du réseau.

Les grandes entreprises du numérique ne sont pas en reste, et quand bien même vous douteriez de leur engagement environnemental, soyez certains qu'elles ont les yeux rivés sur leurs dépenses. Google a par exemple déployé des algorithmes d'IA pour parfaire les systèmes de refroidissement de ses data centers. Cette seule initiative a entraîné une diminution de 40 % de l'énergie liée au refroidissement de l'eau et donc au total une diminution de 15 % de la consommation totale d'énergie de ses data centers. Autre initiative d'IA chez Google : la prévision de production d'énergie solaire et éolienne, qui lui permet de mieux intégrer les énergies renouvelables dans son portefeuille de consommations afin de réduire l'utilisation d'énergies fossiles. Microsoft évalue l'impact de l'IA sur la consommation de ses data centers au même niveau que Google : 15 % pour l'instant, avec l'espoir de faire beaucoup mieux à l'avenir.

Le développement de l'impression 3D va aussi avoir un impact positif : elle permet de produire moins de pièces, utilisant donc moins de matériaux et moins d'énergie par rapport aux fabrications traditionnelles.

L'agriculture de précision est une autre fille de l'IA. Grâce à la gestion optimisée de l'irrigation, de la fertilisation et des traitements agricoles, que nous avons déjà évoquée, la consommation d'eau diminue de 25 à 30 %, selon une étude du cabinet de conseil français Wayden. Les rendements agricoles augmentent pour leur part de 10 à 15 % dès la première année. La réduction des pesticides est encore plus impressionnante. L'utilisation de robots agricoles renforcés par l'IA est prometteuse : le système See & Spray (voir et pulvériser) de John Deere utilise la vision par ordinateur pour détecter les mauvaises herbes, les maladies ou d'autres anomalies et ne pulvérise que ce qui est nécessaire là où c'est utile. Le résultat paraît spectaculaire : 90 % de réduction de l'usage d'herbicides par rapport aux méthodes traditionnelles. Et cela s'ajoute au fait que les plantes sont moins exposées aux toxines, ce qui améliore leur santé et leur rendement.

Pour clore cette liste, parlons rapidement de l'impact de l'IA sur la prévention des catastrophes naturelles. L'IA pourra aider à prédire des événements extrêmes comme les inondations ou les incendies en analysant les données environnementales historiques. Elle le fait déjà dans certaines régions du monde. Google, avec son outil Flood Hub, peut prévoir les inondations. Il a été déployé dans 80 pays en Afrique et en Asie au bénéfice de 460 millions de personnes. Plus impressionnant encore, MyShake, de l'université de Berkeley, utilise les capteurs des smartphones pour détecter les secousses sismiques. Les données sont analysées par l'IA et permettent d'avertir les populations des zones à risque pour qu'elles se mettent en sécurité.

La prévision des cyclones a aussi bénéficié de l'IA. Aux États-Unis, la National Oceanic and Atmospheric Administration utilise des modèles d'IA pour affiner ses prévisions cycloniques et alerter les habitants, les évacuer et optimiser la réponse des secours. Il est impossible de faire ici des comparaisons de bénéfices de l'usage de l'IA, mais institutions et opérateurs du secteur s'accordent à dire que plus les données historiques seront importantes et comparables, plus l'IA aura d'impact.

Un mot enfin sur la surveillance de la biodiversité. Là encore, l'IA annonce des avancées importantes pour la conservation des écosystèmes et des espèces en voie de disparition. Il serait trop long de les citer ici tant il y a d'initiatives d'institutions, de grandes entreprises du web ou d'associations pour l'environnement qui utilisent l'IA pour cataloguer des plantes ou des animaux, pour surveiller la biodiversité et son évolution en Amazonie, en Afrique ou dans d'autres zones à risque. L'ONG Conservation International se sert de l'IA pour analyser des millions d'images capturées par des drones ou des caméras et ainsi identifier les espèces. L'IA réduit le temps d'analyse. Le projet EarthRanger de la fondation de Paul Allen (Allen Institute) surveille en temps réel les mouvements de la faune dans les réserves africaines, ce qui aurait diminué le braconnage de 50 % car les équipes interviennent plus rapidement et l'existence de cet outil dissuade les criminels. Le Medicinal Plant Images Database de l'université de Harvard et du MIT explore les plantes médicinales et leurs applications thérapeutiques grâce à l'IA : elle permet de cataloguer et d'analyser les images de plantes. La base de données ainsi constituée est exploitée par les chercheurs et les médecins pour choisir quelle plante utiliser ou tester pour quel soin ; le système s'améliore en continu.

Une hirondelle numérique, fût-elle dopée à l'IA, ne suffira pas à faire le printemps de la planète. Nous en sommes conscients. Nous connaissons les chiffres du réchauffement global et les avons rappelés en introduction. De même, nous savons que la biodiversité s'effondre.

Mais de la même façon que l'IA ne résoudra pas ces défis d'un coup de baguette magique, ayons à l'esprit que non seulement elle ne représente pas l'essentiel du problème, mais qu'elle recèle sans doute une partie stratégique de la solution. Le défi à relever est de se servir de l'IA chaque fois que c'est possible, afin de limiter les déséquilibres sociaux et environnementaux entre ceux qui l'utilisent et ceux qui n'en bénéficient pas, pour préserver l'environnement et tenter d'endiguer le réchauffement climatique.

Défi #8 :

ÉVITER LA RUPTURE DU LIEN SOCIAL ET LES DÉSÉQUILIBRES SOCIAUX

« Internet a le potentiel de rapprocher les gens, mais il expose aussi brutalement les inégalités qui existent dans le monde réel. »

Tim BERNERS-LEE,
co-inventeur du World Wide Web

« *Make the world a better place* » (rendre le monde meilleur) est sans doute le mantra le plus souvent psalmodié dans la Silicon Valley. Une habitude courante en Europe est de se moquer de la candeur des Américains ou de voir dans cette promesse un pur argument marketing. Le grand espoir des pionniers de l'internet était *bel et bien* de contribuer à créer un monde meilleur. Nous vous laisserons bien sûr juges de la réalisation de cet objectif.

Nombreux étaient ceux qui étaient convaincus que l'adoption généralisée de la connexion au réseau contribuerait à faire reculer les inégalités en donnant à chacun le même accès aux mêmes informations. Au début des années 2000, après leurs études d'ingénieur ou de management, des milliers de jeunes, parmi les plus brillants de leur génération, percevaient les colosses naissants de la tech comme des entreprises contestataires. Les rejoindre constituait une occasion de participer à la révolution en cours et de construire un monde différent fondé sur des valeurs attrayantes : diversité, inclusion, liberté d'expression.

Il faut dire que la vision à long terme portée par les entreprises du web était séduisante. Dans sa lettre aux actionnaires de 1997, Jeff Bezos, le fondateur d'Amazon, écrivait : « Plus fort sera notre leadership de marché, plus fort sera notre modèle économique. » Il ne faut pas oublier qu'Amazon est née le 5 juillet 1994 et n'a connu ses premiers profits qu'au premier trimestre de 2002 – et encore, ils étaient modestes : 5 millions de dollars[1] ; il faut attendre 2015 pour que l'entreprise dégage des bénéfices chaque année, soit plus de vingt ans après sa création.

La même idée a porté les créateurs de Google, Sergey Brin, Larry Page et leur DG Eric Schmidt. La lettre aux actionnaires de 2004, année de l'entrée en Bourse de Google, le souligne : « Google n'est pas une société conventionnelle et ne veut pas le devenir. » Dans cette même lettre, Larry Page pose la règle du 70-20-10. 70 % des investissements et efforts iront dans le cœur du business (le moteur de recherche et le réseau publicitaire), 20 % dans des offres adjacentes (à l'époque : le courrier électronique) ; 10 % seront consacrés à « rêver », innover, tenter de nouvelles choses. Quelques mois plus tard, au moment de l'entrée en Bourse, les fondateurs créent deux catégories d'actions, afin de maintenir la capacité de

1. J. Boone, « Amazon : La folle épopée d'un géant de l'e-commerce », *Les Échos*, 5 janv. 2023, https://www.lesechos.fr/industrie-services/conso-distribution/amazon-la-folle-epopee-dun-geant-de-le-commerce-1894159.

penser à long terme typique des sociétés familiales tout en permettant la liquidité du titre qui attire les investisseurs financiers : l'une pour le grand public et l'autre pour les fondateurs qui leur donnera dix fois plus de droits de vote, afin de « réduire les risques de prise de contrôle ou d'influence[2] ».

Cette capacité à placer la vision avant les profits, tout en restant pragmatiques et attentifs à l'équilibre des coûts et revenus, était rafraîchissante. Cela donnait l'impression qu'aller à contre-courant était une force, qu'il était encore possible de rêver, de voir en grand, et cela était indissociablement lié à ce qu'on appelait alors la « nouvelle économie » – à savoir l'effet réseau et son levier exponentiel.

***

Les entreprises du web ont donc attiré, surtout à leurs débuts, des personnalités fortes et adopté les codes décalés typiques des contestataires. Plus de cravates pour les hommes. Jean et tee-shirt « à la Steve Jobs » de rigueur. Horaires flexibles (en théorie). En somme, une sensation de liberté et la possibilité d'être soi-même, encouragées par l'entreprise.

Cet anticonformisme valait pour l'approche économique du business, du moins chez les meilleurs. La valeur des entreprises web dans les années 1990 était fondée sur l'influence qu'elles exerçaient sur le marché et sur le nombre de leurs clients. La profitabilité n'était pas (encore) au rendez-vous ? Qu'importe. Les attentes en

2. N. Barré, « Google va lever 2,7 milliards de dollars en Bourse », *Les Échos*, 3 mai 2004, https://www.lesechos.fr/2004/05/google-va-lever-27-milliards-de-dollars-en-bourse-1061689.

termes de croissance étaient telles que le marché a accepté de minorer ses critères habituels (marge, profitabilité et soutenabilité des modèles économiques). Dans les années 2000, cette idée que la profitabilité doit suivre (et qu'elle suivra forcément) ainsi que la croyance en la capacité du business à résoudre un problème de marché se sont fortement ancrées dans les mentalités.

Le krach boursier de mars 2000 – surnommé « explosion de la bulle internet » – naît de cet engrenage : le marché juge que les investisseurs ont surestimé l'importance du très long terme et sous-estimé les besoins en cash. Sous la pression de la remontée des taux d'intérêt à long terme, la survalorisation du long terme devient évidente (après calcul du coût de financement des dettes dues à la consommation de cash). Il apparaît alors que, pour beaucoup, il sera impossible d'atteindre le fameux « point d'équilibre » et de récupérer un jour le cash consommé.

Une fois cette correction effectuée, le marché repart de plus belle. La croissance rapide de grandes sociétés comme Google et Facebook dans la décennie 2000-2010 relance les spéculations mais aussi une forme d'anticonformisme et impose un nouveau mode de management qui façonnera la mentalité du monde de la tech pendant de nombreuses années. De nouveaux codes managériaux sont introduits. Quiconque a visité les locaux des géants de la tech en Californie en revient impressionné par les conditions de travail offertes aux employés : restaurants variés, sains et gratuits, activités sociales et culturelles à foison, salles de sport (sans parler des fameuses tables de ping-pong, signature presque obligée pour toute start-up qui se respecte), services de blanchisserie, cars affrétés par les compagnies pour transporter les salariés… Ces largesses sont-elles désintéressées ? Elles profitent aux employés et tentent de les fidéliser, mais elles les poussent aussi à dédier l'essentiel de leur vie, y compris sociale, à leur entreprise et à les couper du (vrai) monde.

C'est de nouveau l'ivresse. La gueule de bois qui suit n'en est que plus douloureuse.

Au fur et à mesure de leur croissance, les grandes sociétés du web commencent à se comporter comme toute grande entreprise capitaliste avant elles. Elles cherchent à maximiser leur valeur boursière. Donc recherchent un retour sur investissement le plus rapide et le plus élevé possible.

Malgré tout, la conviction demeure pour beaucoup d'employés de ces grandes compagnies qu'en diffusant les technologies internet, de la connexion au web aux réseaux sociaux, ils contribuent à une meilleure diffusion de l'information, à la compétitivité économique et à la diminution des clivages socio-économiques dans le monde.

Nous reviendrons sur les conséquences socio-économiques de la croissance des sociétés du web dans le chapitre consacré à la régulation. Mais arrêtons-nous ici sur l'augmentation de la concentration de la richesse dans le monde et sur la croissance des tensions géopolitiques.

Les analystes semblent tous d'accord pour dire que la concentration de la richesse a augmenté au cours des trois décennies écoulées. Un rapport sur la richesse globale du Crédit Suisse indique par exemple qu'en 2022, 1 % de la population mondiale possédait environ 45 % de la richesse. En vingt ans, la fortune globale a triplé et le nombre de millionnaires serait passé de 5 à 55 millions de personnes dans le monde.

Autre fait majeur : le pouvoir d'achat a significativement augmenté en Chine, où des millions de personnes sont sorties de la pauvreté. Le PIB par habitant est passé de 1 834 dollars en 1989 à 6 725 dollars en 2008. Sur la même période, l'évolution a été beaucoup moins importante en Afrique (de 1 444 à 1 780 dollars). Les pays de l'Europe de l'Est, qui sont sortis du communisme, ont vu leur PIB par habitant croître de 5 905 dollars en 1989 à 8 569 dollars en 2008. L'évolution aux États-Unis et en Europe entre 1990 et 2008 est d'environ 35 %, mais avec une forte croissance des inégalités.

Défi #9 :

PRÉVENIR UNE FRACTURE DIGITALE MONDIALE

> « La fracture numérique mondiale risque de devenir la fracture sociale du XXIe siècle, séparant ceux qui ont accès aux opportunités d'un monde connecté et ceux qui en sont exclus. »
>
> Kofi ANNAN,
> alors secrétaire général
> des Nations unies, en 2001

Le risque d'une « fracture digitale » s'est accru avec l'arrivée de l'IA générative et généraliste.

Le développement d'algorithmes d'IA nécessite d'importants capitaux. Peu d'entreprises au monde disposent des talents et des fonds nécessaires à ce développement, en particulier pour l'IA générative ou généraliste. À ce jour, il semble réservé aux habituels Gafam (Google, Apple, Facebook, Amazon, Microsoft), aux grands acteurs du numérique chinois et à quelques start-up richement financées comme OpenAI, qui a créé ChatGPT avec le soutien de Microsoft. Son coût de fonctionnement quotidien est évalué à... 700 000 dollars (et à 1,5 milliard de dollars annuels en salaires). Anthropic, créatrice de l'IA générative Claude (ainsi dénommée en hommage à Claude Shannon, mathématicien et ingénieur en génie électrique américain, considéré comme le père de la théorie de l'information), est financée par Google Cloud, plusieurs capital-risqueurs et philanthropes – notons au passage que cette start-up atypique fait de la recherche d'algorithmes d'IA avancée avec pour thèmes la sécurité et les valeurs humaines.

***

La fracture se situe également du côté des usagers. Si créer des IA requiert d'importants moyens, l'utiliser aussi. Des entreprises financières comme Goldman Sachs et J.P. Morgan investissent ainsi massivement pour améliorer leurs capacités de prise de décision et leur rapidité d'action sur les marchés. Dans l'automobile, Tesla, bien sûr, mais aussi General Motors ont consacré des sommes importantes à leurs recherches sur la conduite assistée et les voitures autonomes. Souvenons-nous également de Google et son Waymo, qui a véritablement lancé la course à la voiture autonome et proposé des collaborations à plusieurs opérateurs du secteur automobile comme FCA (Fiat Chrysler Automobiles), qui voyait initialement Google comme un concurrent potentiel. Carlo se souvient des premières rencontres avec Sergio Marchionne, alors CEO de Fiat Chrysler, qui appelait Google *« the death star »*, avec humour et par provocation, en référence à « l'étoile de la mort » de *La Guerre des étoiles*. Par la suite, plusieurs chantiers communs furent lancés autour de la voiture autonome et de la connexion des voitures avec Android, par exemple. Sergio Marchionne et John Elkann (héritier de la dynastie Agnelli et président de

Stellantis) ont d'ailleurs passé beaucoup de temps à analyser le fonctionnement des entreprises de la Silicon Valley pour digitaliser leurs entreprises avec un succès croissant.

L'utilisation de l'IA en elle-même est coûteuse. Entraîner un modèle d'IA demande de la puissance de calcul et de l'énergie. Il faut disposer de données dont la collecte, le nettoyage et l'annotation sont des activités complexes. Surtout quand on sait que la première cause d'échec des IA réside non seulement dans le manque de données de qualité mais aussi dans leur absence d'homogénéité et de fiabilité.

Il faut, bien sûr, des compétences. Des ingénieurs en IA, des *data scientists*, profils rares et chers de nos jours. C'est pour cette raison que la plupart des entreprises choisissent les modèles « prêts à l'emploi » proposés par les Gafam en payant à la demande une licence pour le logiciel et son usage.

Au risque, pour les sociétés de tous secteurs, mais aussi pour les institutions et les États, de dépendre des grands développeurs d'IA. Il est donc nécessaire de réagir face aux aléas économiques et sociaux auxquels l'IA et les technologies du web en général nous exposent.

Mais c'est dans le domaine de l'information que les risques et les abus sont les plus évidents et comportent le plus de dangers immédiats.

Tout texte ou image est désormais sujet à caution. Les exemples de manipulations sont innombrables. Avez-vous vu passer sur les réseaux sociaux, lors des typhons et inondations de l'automne 2024 aux États-Unis, la photo d'une petite fille dans une barque, au milieu d'un fleuve en crue, tenant dans ses bras son petit chien ? L'image était fausse. Elle fut rapidement dénoncée comme telle. Mais le mal était fait : pour des millions de personnes, elle illustrait l'inaction supposée des élus démocrates en période électorale.

Les chiffres sont vertigineux. L'institut d'études Brandwatch Insights et le journaliste spécialiste des infox Thomas Huchon ont scruté les manipulations pendant la dernière campagne présidentielle américaine[1] : « En seulement trois mois, les dix *fake news* les plus virales ont engendré plus de 22 millions d'échanges sur les réseaux sociaux, et pas moins de 50 millions de “likes”. » Le réseau social X (ex-Twitter) d'Elon Musk, soutien déclaré de Donald Trump, a joué un rôle déterminant. Faute de modération des contenus, « 77 millions d'utilisateurs américains ont vu passer en moyenne 300 *fake news* dans leur fil d'actu et les *fake news* d'Elon Musk ont cumulé plusieurs milliards de vues ».

Dans le top 5 des fausses informations les plus virales, l'idée que Kamala Harris favorisait l'immigration illégale. « La polémique a engendré 2,5 millions de conversations pour 5 millions de “likes”. Les tweets d'Elon Musk cumulent plus de 100 millions de vues », relève Brandwatch. Ou encore cette affirmation de Donald Trump selon laquelle « À Springfield, les migrants mangent des chiens, ils mangent des chats. Ils mangent les animaux de compagnie des habitants. C'est ce qui se passe dans notre pays ». 2,2 millions de partages, plus de 8 millions de « likes »… « Le tweet le plus viral a été visionné 87 millions de fois. » D'autres exemples comparables ont été développés précédemment, dans les domaines des transactions, de la protection de la vie privée ou de celle des enfants…

1. « La face cachée de l'élection américaine », cision.fr, 4 novembre 2024, https://www.cision.fr/nous-connaitre/communiques-de-presse/top5-fake-news-rythmant-les-elections-americaines/.

L'on peut bien sûr tenter de se rassurer. Aujourd'hui, l'IA est toujours contrôlée par l'homme ; il n'y a pas d'autonomie des machines. Les risques sont pourtant réels : l'IA est une technologie surpuissante et, aux mains des hommes qui la contrôlent, elle représente déjà une arme potentiellement dévastatrice.

Qu'en sera-t-il demain ?

Les IA grand public reposent sur ce qu'on appelle les LLM (Large Language Model), qui sont des modèles de traitement du langage. Leurs performances dépendent de trois facteurs. D'abord la taille du modèle, c'est-à-dire le nombre de paramètres qu'il intègre. C'est ce qui permet au modèle d'apprendre et de comprendre, un peu comme les cellules d'un cerveau. Ensuite le volume et la diversité des informations fournies au modèle. Enfin, la capacité informatique de traitement et d'analyse qui va permettre au modèle d'intégrer et de multiplier les expériences.

Il faut ajouter à cela un coefficient multiplicateur : plus les entraînements sont répétés, plus les performances s'améliorent, d'autant plus que les chercheurs qui travaillent sur ces LLM extraordinairement coûteux à développer tentent en permanence de trouver l'allocation optimale de chaque dollar investi.

Actuellement, nous l'avons vu, ces LLM permettent la mise en place d'assistants intelligents, capables de comprendre nos besoins. Ils sont formidablement plus efficaces que les modèles antérieurs mais, d'une certaine manière, ils n'apportent encore qu'un changement de degré dans le service rendu, pas un changement dans la nature de ce service. Même les étapes marquantes de l'histoire de l'IA ont été atteintes en inventant des systèmes qui imitent les compétences humaines, qu'il s'agisse de la victoire aux échecs de Deep Blue, d'IBM, contre

Garry Kasparov en 1997 ou de celle, au jeu de go, d'AlphaGo, de Google DeepMind, contre Lee Sedol en 2016. La marche à franchir avant de parvenir à reproduire le fonctionnement humain dans toute sa complexité semble élevée – il faut inventer de nouvelles façons de raisonner, créer de nouvelles architectures de pensée.

Pourtant, un symposium de chercheurs qui s'est tenu récemment à Davos a abouti à une conclusion unanimement partagée autour de la table : il existera un jour des machines autonomes, capables de remplacer l'homme. Les divergences entre chercheurs portent sur l'échelle de temps qui nous en sépare : 10 à 20 ans pour les uns, 100 voire 1 000 ans pour les autres… Ce jour-là, l'homme pourra-t-il reprendre le contrôle de la machine si elle menace de lui échapper, comme dans *2001 : L'Odyssée de l'espace* ?

La question qui se pose aujourd'hui est d'identifier le point de bascule qui entraînera non un changement de degré mais un changement de nature : serons-nous capables d'imaginer des assistants créatifs, à même de comprendre non pas ce dont nous avons besoin mais ce dont nous allons avoir besoin ?

Soyons-en certains : l'homme n'en restera pas aux actuels LLM. La promesse d'une « intelligence artificielle générale » fascine autant qu'elle effraie.

Le chercheur Yann Le Cun, un des pères de l'intelligence artificielle, aujourd'hui directeur scientifique de l'IA de Meta, a non sans humour baptisé son projet d'IA générale AMI (pour Advanced Machine Intelligence). Les pouvoirs qu'apporterait cette AMI sont sans commune mesure avec nos IA actuelles.

Yann Le Cun se dit optimiste sur notre capacité à affronter les dérives. « Je suis convaincu que le public va devenir plus méfiant à l'égard des informations qu'il reçoit. Celles et ceux qui ont grandi avec internet savent déjà que ce qui y circule n'est pas forcément fiable. Je suis confiant aussi dans le fait que des technologies vont émerger pour tracer le processus de création d'une information. Il se passera alors ce qui est arrivé avec les spams de nos messageries, pour lesquels des systèmes de protection se sont développés[2]. »

Mais cette conviction peut être interrogée.

L'histoire du progrès technologique nous enseigne que le danger rôde – l'exemple le plus significatif étant celui de l'atome, qui a révolutionné le soin du cancer ou la production d'énergie décarbonée mais aussi introduit le feu nucléaire dans l'histoire de l'humanité.

Concernant l'IA, les enjeux ne sont pas seulement technologiques ; ils sont aussi et peut-être surtout politiques et sociaux. Les recherches menées dans ce domaine le sont aujourd'hui essentiellement dans deux pays : les États-Unis (la Silicon Valley plus précisément) et la Chine.

L'Europe, consciente de l'importance du sujet, tente d'investir dans ce domaine mais son retard est considérable et les moyens tout comme l'environnement ne peuvent pas permettre d'envisager un rattrapage rapide (si tant est que ce rattrapage soit un jour possible). C'est le signal d'alarme salutaire que tire le rapport Draghi sur la compétitivité commandé par la Commission européenne

---

2. C. Legros, « Yann Le Cun, directeur à Meta : "L'idée même de vouloir ralentir la recherche sur l'IA s'apparente à un nouvel obscurantisme" », *Le Monde*, 28 avr. 2023, https://www.lemonde.fr/idees/article/2023/04/28/yann-le-cun-directeur-a-meta-l-idee-meme-de-vouloir-ralentir-la-recherche-sur-l-ia-s-apparente-a-un-nouvel-obscurantisme_6171338_3232.html.

et publié le 9 septembre 2024. Pour l'ancien président de la BCE, « alors que le monde est à l'aube d'une révolution de l'intelligence artificielle [IA], l'Europe ne peut pas se permettre de rester bloquée dans les technologies [...] du siècle dernier. Nous devons libérer notre potentiel d'innovation[3] ». Mais ce rapport arrive bien tard. Et il s'adresse à une Europe composée de 27 États, parlant 24 langues différentes, avec des systèmes politiques et technologiques autonomes.

Face à cette mosaïque, les États-Unis. Un pays, une langue et six acteurs principaux (Elon Musk, Microsoft, Meta, Apple, Amazon et Google) qui investissent chacun des dizaines de milliards de dollars, non sans brouiller les cartes quand un Elon Musk peut à la fois qualifier l'IA de danger mortel pour l'homme (« Avec l'intelligence artificielle, nous invoquons le démon », a-t-il déclaré en 2014 au MIT) et dépenser des montants colossaux en recherche dans ce domaine.

Troisième acteur : la Chine, dont il est toujours difficile de savoir où elle en est précisément, mais qui investit évidemment elle aussi ce champ de recherches et dont les grandes compétences technologiques sont appuyées sur un système politique autoritaire qui lui permet d'avancer de façon rapide et déterminée.

Quel monde et surtout quelle humanité dessine cette nouvelle révolution technologique ? Les principaux

3. A. Piquard, « Le rapport Draghi, un signal jugé positif par la tech européenne mais aussi américaine », *Le Monde*, 16 octobre 2024, https://www.lemonde.fr/economie/article/2024/10/16/le-rapport-draghi-un-signal-juge-positif-par-la-tech-europeenne-mais-aussi-americaine_6353350_3234.html# :~ : text = % C2 % AB % 20Alors % 20que % 20le % 20monde % 20est, le % 20rapport % 20de % 20Mario % 20Draghi.

acteurs et experts du secteur manifestent depuis longtemps leur inquiétude. En décembre 2015, Elon Musk, Sam Altman (DG d'OpenAI) et Peter Thiel (Palantir) avaient déjà fondé une organisation à but non lucratif pour développer une IA bienveillante.

En 2018, c'est au tour de Google. L'entreprise tente de répondre au problème par la négative en (se) posant des interdits dans plusieurs domaines comme les armes autonomes (ne pas développer d'IA pour des armes qui fonctionnent sans un contrôle humain), la surveillance (pas d'IA pour la surveillance massive et intrusive) et les violations des droits de l'homme (pas de développement de technologies qui contribueraient à violer les droits humains ou à opprimer des individus ou des groupes). La firme a par ailleurs formulé, cette fois en positif, cinq principes pour une « IA responsable ». 1) Être socialement bénéfique – Google s'engage à développer des technologies d'IA qui apportent des avantages sociaux et améliorent la qualité de vie des individus. 2) Éviter les biais – s'assurer que les systèmes d'IA soient conçus pour éviter les discriminations envers tout groupe social vulnérable. 3) Garantir que ses systèmes d'IA soient déployés de manière responsable et dotés de mécanismes de surveillance appropriés. 4) Assurer la transparence – l'entreprise vise à rendre ses systèmes d'IA compréhensibles et explicables, permettant ainsi à ceux qui interagissent avec ces systèmes de savoir comment les décisions sont prises. 5) Enfin, assurer la confidentialité (respecter la vie privée des utilisateurs et protéger les données personnelles utilisées pour entraîner les systèmes d'IA).

Même s'ils ont été publiés sous la pression médiatique qui a suivi la participation de Google au projet Maven de l'armée américaine (qui utilisait l'IA afin d'analyser les images prises par drones), ces principes restent intéressants en ce qu'ils permettent de réfléchir à une charte commune pour l'usage de l'IA.

En 2021, Eric Schmidt, ancien P-DG de Google, participe à la commission de sécurité nationale états-unienne sur l'intelligence artificielle. Il s'inquiète de l'impact de l'IA en géopolitique et souligne « un véritable risque : que la Chine dépasse les États-Unis dans la course à l'IA, ce qui pourrait avoir des implications majeures pour la sécurité nationale et le leadership mondial des États-Unis ». Il précise sa pensée : « Les systèmes d'IA avec des intelligences compétitives humaines peuvent poser de graves risques pour la société et l'humanité, comme le montre la recherche approfondie et reconnue des laboratoires d'IA. Les systèmes d'IA puissants ne devraient être développés que lorsque nous sommes certains que leurs effets seront positifs et que leurs risques seront gérables. [...] Nous devrons éviter une course aux armements dans laquelle l'IA est utilisée pour produire des armes autonomes, car cela pourrait conduire à une escalade incontrôlable des conflits. [...] Nous devons trouver un équilibre entre l'innovation et la régulation de l'IA pour éviter les pires scénarios. Les gouvernements doivent travailler main dans la main avec l'industrie pour s'assurer que l'IA est déployée de manière éthique et sûre[4]. »

En 2023, c'est une lettre ouverte[5] qui demande de « mettre en pause » le développement de l'IA. Selon ses

4. The National Security Commission on Artificial Intelligence, "Final Report", 2021, https://cybercemetery.unt.edu/nscai/20211005220330/https://www.nscai.gov/.

5. Future of Life Institute, « Pause Giant AI Experiments : An Open Letter », 22 mars 2023, https://futureoflife.org/open-letter/pause-giant-ai-experiments/.

signataires, « ces derniers mois ont vu les laboratoires d'intelligence artificielle s'enfermer dans une course incontrôlée pour développer et déployer des cerveaux numériques toujours plus puissants, que personne – pas même leurs créateurs – ne peut comprendre, prédire ou contrôler de manière fiable ». Et quels signataires ! Yoshua Bengio, de l'université de Montréal, un des pères de l'intelligence artificielle moderne ; Max Tegmark, directeur du Future of Life Institute ; Stuart Russell, de l'université de Berkeley ; Raja Chatila, professeur émérite à la Sorbonne et membre du Comité national pilote d'éthique du numérique ; Tristan Harris, président du Center for Humane Technology ; Yuval Noah Harari, auteur de *Sapiens* (et très récemment de *Nexus*)[6] ; Emad Mostaque, fondateur de Stability AI ; trois chercheurs de DeepMind, filiale de Google ; et encore des cofondateurs d'Apple, Pinterest ou Skype...

Cette lettre ouverte réclamait un moratoire de six mois afin de fixer, au niveau mondial, des règles déontologiques et comportementales pour fonder une IA éthique et bannir toute dérive. Six mois ? Le délai était irréaliste à tous égards. Et les intentions de certains de ses signataires n'étaient pas forcément dénuées d'arrière-pensées mercantiles, notamment pour les représentants d'entreprises distancées par les leaders du secteur. On pouvait aussi s'interroger, comme Yann Le Cun, sur l'accès de technoscepticisme des hérauts de la tech – sur Twitter, il a comparé les signataires à « l'Église catholique qui, en 1440, demandait un moratoire sur l'utilisation de

6. Y. N. Harari, *Sapiens : Une brève histoire de l'humanité*, Albin Michel, 2015 ; *Nexus : Une brève histoire des réseaux d'information, de l'âge de pierre à l'IA*, Albin Michel, 2024.

l'imprimerie ». Toutefois la lettre a eu le mérite d'ouvrir le débat.

Tim Cook, le P-DG d'Apple, résume en ces termes le cœur de l'enjeu : « Ce que nous devons tous faire, c'est nous assurer que nous utilisons l'IA d'une manière qui profite à l'humanité, et non au détriment de l'humanité. »

***

Comment ?

Nous l'avons vu à plusieurs reprises, la régulation d'internet fait partie des antidotes auxquels on pense spontanément pour résoudre les défis nouveaux posés aussi bien en termes de diffusion de fausses informations, d'abus de position dominante que de concentration capitalistique excessive… Les instances existantes sont-elles à la hauteur du défi ? Nous en doutons.

Les régulateurs – en particulier français – raisonnent dans l'instant. Le président de l'Autorité de la concurrence a d'ailleurs déclaré que son rôle était d'examiner les conséquences immédiates d'une opération de fusion, sans analyser la situation future, par définition toujours aléatoire.

Ne fait-on pas peser des risques multiples et majeurs sur une société qui ne vivrait que dans l'instant, sans réflexion prospective ? Il est selon nous essentiel de raisonner en comprenant le passé et en intégrant le présent mais aussi le futur.

Raisons premières pour lesquelles la régulation, telle qu'exercée par Bruxelles ou par nos autorités nationales, est dépassée ? Elle ne considère pas les « mécanismes de réseau et de protocole » et leurs effets, et elle a tendance à ne comprendre que les économies d'échelle (ce qui diminue le coût unitaire de production en augmentant la quantité produite) et pas les économies de gamme (lorsque la production d'un bien réduit le coût de production d'un autre bien connexe).

À cela s'ajoute une lenteur à juger, totalement décalée par rapport aux enjeux. Faire traîner une décision deux ou trois ans à l'époque de l'économie de réseau n'a aucun sens. Songez que certains jeux en ligne n'ont mis que 50 jours à fédérer une clientèle active de 50 millions d'usagers… À titre de comparaison, rappelons que ce seuil avait été atteint en 75 ans par le téléphone, 38 ans par la radio, 13 ans par la télévision et 4 ans par l'internet. C'est à l'aune de cette nouvelle échelle de temps que l'on doit désormais penser les mécanismes de régulation.

Autre anachronisme, qui confine à la faute : raisonner en termes de marchés pertinents, à court terme, et pas en termes de comportement des usagers et donc de marchés pertinents, à moyen terme. C'est le cas quand on part du principe que le marché de la télévision financée par la publicité est, en France, étanche vis-à-vis du marché de la vidéo ou du marché publicitaire sur internet. Raisonner de la sorte, c'est tuer dans l'œuf toute perspective de création de champions européens dans la technologie, les médias – ou d'ailleurs dans tout secteur où, par nature, les règles de l'économie d'échelle imposent d'atteindre une certaine masse critique pour être rentable.

La régulation de la concurrence ne saurait se réduire à la conviction que toute entreprise de taille trop importante sur un marché abusera de sa situation au détriment des usagers, pas plus qu'elle ne peut ignorer qu'une entreprise agit d'abord dans son propre intérêt. Tout est, ici, question d'équilibre. Mais elle doit surtout prendre en considération le brouillage des frontières qu'induit la révolution numérique. La concurrence ne vient plus de là où on l'attendait jusque-là (le concurrent traditionnel). Banques et assurances sont aux prises avec la fintech, les sociétés d'informatique pure avec des logisticiens (Amazon et son arrivée sur le marché du cloud), les chaînes de télé ont moins à craindre de leurs concurrentes pour sauver leurs recettes publicitaires que des géants du web… La géographie traditionnelle de la concurrence a complètement explosé.

Une nouvelle réflexion doit maintenant être conduite : comment mesure-t-on un « marché pertinent » à l'époque du réseau internet et de ses enfants – la mobilité, le cloud et le métavers ? Autrement dit : comment mesure-t-on la concurrence à l'ère de la globalisation ?

Plusieurs décisions récentes nous ont surpris en matière de fusions et acquisitions.

À Bruxelles, les autorités européennes ont bloqué la fusion Alstom/Siemens. Motif : la concurrence sur le marché des trains à grande vitesse serait entravée, ce qui augmenterait les prix pour les consommateurs. La Commission européenne a aussi avancé l'argument de la taille disproportionnée que prendrait, selon elle, cette nouvelle entité, soulignant que ni les Américains ni les Chinois ne menacent le secteur du transport ferroviaire européen.

Drôle de raisonnement, en vérité. Car pour aller de Paris à Lyon, ou de Strasbourg à Francfort, le train est en concurrence avec l'avion, voire avec la voiture. Entretenir un réseau de trains à grande vitesse demande des investissements en infrastructures, en matériel et en recherche extrêmement coûteux. Seules des entreprises de grande taille peuvent absorber de tels efforts financiers. Cette décision est d'autant moins compréhensible que, pour des raisons climatiques, nous sommes censés renoncer à l'avion comme à la voiture et emprunter le train, moyen de transport réputé le moins polluant.

Quant à l'argument de l'absence de compétiteurs américains ou chinois à ce jour, il est fallacieux. La question n'est pas de savoir si des entreprises originaires de ces pays créeront des liaisons ferroviaires Paris-Lyon ou Strasbourg-Francfort. Elle est de savoir si les entreprises européennes auront suffisamment de moyens pour investir en recherche et développement et en infrastructures pour tenir si, d'aventure, les Chinois inventent des trains vraiment moins chers ou les Américains des trains vraiment plus rapides. Ce jour-là, faute d'alternative européenne, nous serons bien forcés de les adopter et nos entreprises locales comme nos trajets dépendront de concurrents extra-européens.

Autre exemple : la fusion TF1/M6. Elle a été bloquée, cette fois, par Paris (par l'Autorité de la concurrence). Motif : elle risquait de produire une distorsion sur le marché de la publicité télévisuelle. Le régulateur a raisonné comme si la publicité télévisuelle était séparable de la publicité en ligne, la première étant regardée en simultané par des millions de personnes et, par nature, non ciblée. Étrange raisonnement. Car du point de vue des annonceurs, la question ne se pose pas en ces termes. Quand ils lancent une campagne, ils se demandent à quel prix ils atteindront quelle(s) cible(s) et déterminent le niveau de notoriété et/ou le retour commercial qu'ils espèrent pour ce prix. Toute grosse campagne mixe, à ce jour, télévision et publicité en ligne. Si la télévision devient trop chère, ou moins efficace, alors les annonceurs se tourneront vers la vidéo en ligne ou les sites web à grande audience. Les marchés ne sont pas étanches.

La France prétend défendre son « exception culturelle » ? Soit. Mais sur un marché globalisé, elle a pour cela besoin d'opérateurs forts, de champions de dimension européenne, sachant que les contenus « locaux » s'exportent difficilement. Italien par son père et français par sa mère, Carlo peut en témoigner : les deux peuples ne rient pas toujours des mêmes gags. Si certaines œuvres universelles passent aisément les frontières, d'autres sont condamnées à rester sur leur marché – pour que *Bienvenue chez les Ch'tis* fonctionne en Italie, il a fallu le refaire à la sauce locale en imaginant le même scénario mais à partir d'un Milanais qui « émigre » dans un bureau de poste du sud de l'Italie, dans les Pouilles.

Il faut donc encourager les opérations transfrontalières en Europe et la technologie doit être un des supports des synergies possibles. Nous devons déjà affronter des obstacles majeurs consubstantiels à notre continent (l'absence de langue commune, la coexistence de 27 États aux cultures anciennes et spécifiques) ; si nous ajoutons une régulation pointilleuse qui fonctionne sur un référentiel datant d'avant internet, nos entreprises seront toujours plus isolées dans la compétition globale.

Alors, comment inventer une régulation qui ne stérilise pas l'innovation ? C'est l'ambition de GAIA, projet que nous livrerons dans quelques pages au débat mondial sur l'avenir de l'IA. Mais avant d'y venir, il est impératif de relever un dernier défi : réguler sans stériliser.

Défi #10 :

RÉGULER SANS STÉRILISER

« Réguler sans étouffer, c'est trouver l'équilibre entre protection et innovation. »

Emmanuel MACRON,
11 décembre 2023, Toulouse,
plan « France 2030 »

La nécessité de réguler l'internet mondial se heurte bien sûr à de nombreux obstacles, mais elle n'est guère qu'un nouvel avatar de débats anciens.

Les origines des régulations concernant la concurrence et la protection des consommateurs remontent au début du XXe siècle. La production industrielle de masse et l'importance du commerce international font alors de la protection du consommateur un enjeu sociétal. On l'oublie souvent mais c'est aux États-Unis, sous la présidence de Theodore Roosevelt, que les premières véritables actions antitrust ont vu le jour (l'Europe politique, à l'époque, est inexistante).

Les États-Unis sont alors portés par une démocratie libérale qui s'est imposée tout au long du XIXe siècle. C'est l'âge d'or du « rêve américain », idée selon laquelle chaque individu peut s'élever par la seule force de sa volonté. Associée à l'expansion industrielle, au progrès technologique et à la croyance dans les vertus de l'initiative privée, elle entretient un rapport variable avec la notion de régulation. Mais la montée des inégalités sociales et l'âpreté des conditions de vie des ouvriers, souvent récemment immigrés, imposent peu à peu l'idée que des règles sont indispensables pour limiter le pouvoir des grandes entreprises et des lois nécessaires pour protéger les travailleurs. Les premières véritables actions antitrust voient le jour.

Elles furent spectaculaires et touchèrent de nombreux domaines.

***

Les chemins de fer ? Dissolution en 1904 de la Northern Securities Company, société holding investissant dans les chemins de fer du nord-est des États-Unis créée par J.P. Morgan, James Hill et E.H. Harriman, afin de contrôler les grandes compagnies de chemin de fer locales. Le gouvernement fédéral a intenté une action en vertu de la loi antitrust Sherman de 1890, arguant d'un monopole illégal.

La filière bovine ? La Cour suprême dissout en 1905 Swift & Company, conglomérat de conditionnement de viande surnommé le « *beef trust* », qui contrôlait une grande partie de la production et de la vente de viande aux États-Unis. Ses torts : manipulation de prix et distorsion concurrentielle.

Le tabac ? American Tobacco Company contrôlait une grande partie de sa vente et de sa production à travers le pays. La Cour suprême a ordonné son démantèlement en 1911.

Le pétrole ? Démantèlement la même année de Standard Oil. L'entreprise de Rockefeller contrôlait alors une grande partie de l'industrie pétrolière aux États-Unis. À son apogée, à la fin du XIXe siècle, elle avait même la main sur près de 90 % de la production, du raffinage et de la distribution du pétrole. Elle était accusée de pratiques anticoncurrentielles telles que des accords de fixation de prix et d'exclusivité avec les chemins de fer pour évincer ses concurrents – des accords qui lui permettaient de distribuer ses produits à des coûts significativement plus bas que ses concurrents. Il semblerait que Rockefeller rachetait aussi ses concurrents ou les forçait à la faillite avec des tactiques agressives, afin de pouvoir augmenter les prix dès qu'il avait éliminé la concurrence dans une zone déterminée du pays. L'entreprise a été démantelée en 34 compagnies distinctes, chacune opérant dans une zone spécifique ou sur des segments différents de l'industrie. C'est ainsi que naquirent certaines des fameuses « sept sœurs » qui constitueront l'industrie pétrolière américaine du XXe siècle, dont ExxonMobil dans le New Jersey et dans l'État de New York, Chevron en Californie, Amoco dans l'Indiana qui rejoindra BP, Marathon Oil dans l'Ohio. Notons qu'après le démantèlement, la valeur des actions des nouvelles sociétés a rendu Rockefeller encore plus riche : le but n'était pas d'appauvrir le milliardaire, mais de protéger les consommateurs et les autres entreprises du secteur.

Le cas Standard Oil fit école et servit à renforcer les lois antitrust (le Sherman Antitrust Act) et à en proposer de nouvelles avec le Clayton Antitrust Act de 1914. L'intérêt de ce dernier est de s'attaquer aux pratiques commerciales avant qu'elles ne deviennent monopolistiques. L'idée est de prévenir les comportements avant qu'ils ne deviennent des monopoles. Pour ce faire, le Clayton Act cible les fusions et acquisitions qui pourraient diminuer la concurrence ou créer un monopole. Il interdit en outre aux entreprises la discrimination par les prix entre différents acheteurs si cela réduit la concurrence. Mais surtout, et c'est au cœur de l'actualité, le Clayton Act s'attaque aux clauses d'exclusivité qui empêchent un client de travailler avec un autre fournisseur, ou un fournisseur de vendre à d'autres clients. Le Clayton Act allait jusqu'à empêcher une même personne de siéger au conseil d'administration d'entreprises concurrentes, et ce dès son entrée en vigueur.

La technologie n'a pas échappé à la vigilance des régulateurs, du moins jusqu'à un certain point. Les deux affaires antitrust les plus célèbres de la deuxième partie du XXe siècle sont certainement les cas AT&T et Microsoft.

En 1974, la justice américaine ouvre un procès antitrust contre AT&T. C'est un séisme : non seulement AT&T est alors le seul fournisseur de services téléphoniques dans quasiment tous les États américains, mais c'est une de ses filiales (Western Electric) qui produit la plupart des équipements téléphoniques. Résultat : AT&T contrôle presque entièrement les technologies de communication états-uniennes. Sans illusion sur l'issue du procès, AT&T s'est en quelque sorte « autodissoute » en 1982.

En 1990, c'est Microsoft qui est sur la sellette, accusée aux États-Unis d'abus de position dominante avec son système d'exploitation Windows. Les procès, qui se sont étalés sur plus de quinze ans, ont contraint l'entreprise de Seattle à verser plus de 4 milliards de dollars de dédommagements à plusieurs entreprises pour qu'elles renoncent à leurs plaintes, et à accepter l'obligation que des logiciels concurrents puissent fonctionner sous Windows. Sans véritablement entamer la toute-puissance de Microsoft.

***

Et en Europe ? À l'orée du XXe siècle, elle est focalisée sur sa consolidation industrielle, son expansion coloniale et les rivalités économiques entre puissances. La question des monopoles n'y est pas encore perçue comme une question.

En Allemagne, les cartels sont même encouragés. Ils sont perçus comme un moyen de renforcer l'industrie allemande face à la concurrence internationale. L'industrie chimique se développe avec IG Farben, l'industrie pharmaceutique avec Bayer et Hoechst… En France, où l'industrialisation est moins avancée qu'en Allemagne ou aux États-Unis, la modernisation de l'économie et la gestion des colonies représentent les principaux enjeux de l'époque.

Les gouvernements européens soutiennent en revanche directement le développement d'industries stratégiques : chemins de fer, énergie, armement, souvent par le biais des entreprises d'État. L'interventionnisme étatique se poursuit après la Première Guerre mondiale en Allemagne, en France, en Italie afin de soutenir la croissance économique et sociale du pays.

Il faut attendre la Deuxième Guerre mondiale pour que le sujet s'impose sur notre continent. Alors qu'aux États-Unis, les politiques de régulation antitrust ont continué avec la lutte contre les monopoles mais aussi des mesures de régulation financière, la reconstruction économique et l'intégration européenne ne vont véritablement poser la question de la concurrence qu'à partir du traité de Rome en 1957.

L'Europe choisit alors une voie différente, non pas celle du démantèlement des trusts mais plutôt une politique d'amendes.

Première cible : Michelin, dans les années 1980, mise en cause pour ses politiques de rabais conditionnels porteurs d'exclusivité de fait, selon la Commission. L'entreprise sera à nouveau condamnée pour les mêmes pratiques vingt ans après, en 2001. Le remède dans les deux cas : des amendes et une injonction de changement de politique commerciale.

De 2004 à 2008, la Commission européenne s'est également attaquée à Microsoft sur le marché des systèmes d'exploitation pour PC. En 2004, pour avoir intégré un lecteur multimédia à son système en empêchant des concurrents de proposer des alternatives ; en 2008, pour ne pas avoir divulgué les informations nécessaires sur l'interopérabilité entre son système d'exploitation et les concurrents. Le montant des amendes (497 millions d'euros en 2004 et 899 millions en 2008) a-t-il été suffisant pour réellement affecter la santé patrimoniale et financière de l'entreprise ? Le Microsoft de Satya Nadella (patron depuis 2014) est-il plus ouvert à la collaboration et à la concurrence que celui de Bill Gates au siècle dernier ? Rien n'est moins sûr…

D'autres entreprises de la tech ont occupé la scène des batailles antitrust en Europe au cours des quinze dernières années. Google ainsi a été condamnée trois fois à une amende : 2,42 milliards d'euros en 2017 concernant son service de comparaison de prix Google Shopping ; 4,34 milliards d'euros en 2018 pour la préinstallation d'Android sur ses téléphones ; et enfin 1,49 milliard d'euros en 2019 pour AdSense, les clauses contractuelles apparaissant à la Commission comme restrictives pour les sites tiers.

Il y a eu d'autres cas (comme Gazprom ou les cartels dans l'automobile), mais la politique antitrust européenne n'a manifestement aucun impact réel. En cause : la durée des procédures (pendant laquelle les sociétés soumises à enquête continuent de grandir et prospérer) mais aussi la taille des sociétés ciblées (elle est si énorme que les sanctions financières ont un impact limité). Rappelons-le, la révolution numérique a bouleversé les règles du jeu : la puissance de marché des entreprises se mesure avant tout au nombre de clients qu'elles parviennent à toucher et s'épanouit dans une économie globalisée où, en quelques mois seulement, un service peut fédérer des milliards de clients.

***

Il y a plus grave.

Non seulement la Commission européenne n'a pas favorisé la compétitivité de l'Europe par rapport aux États-Unis, mais elle l'a lourdement entravée. Nous l'avons vu, le désir de créer de la concurrence locale dans le secteur des télécoms, au moment de la libéralisation des années 1990 à 2000, a sans doute irrémédiablement fragilisé ce secteur en privant l'Europe des seuls opérateurs capables d'influer sur la distribution de la technologie et qui auraient pu avoir un poids dans le dialogue avec les entreprises américaines. Fragilisés par leurs propres régulateurs national et européen, les opérateurs privés (ou privatisés) de télécoms doivent se concentrer sur leur survie plutôt que sur l'innovation dans la technologie depuis trente ans – à l'exception, peut-être, d'Iliad (Free).

La libéralisation des télécoms en Europe, à la fin du XXe siècle, avait pourtant comme objectifs de « promouvoir la concurrence, réduire les prix, améliorer la qualité de service » mais aussi d'« encourager l'innovation technologique ».

Dans les vingt années qui ont suivi, les opérateurs télécoms ont dû faire face à une féroce guerre des prix au niveau local. Les nouveaux entrants ont bénéficié d'un accès régulé aux infrastructures existantes à des tarifs favorables et ont pu proposer des prix très bas, fragilisant les opérateurs historiques dérivés des vieux monopoles publics (en France : France Télécom devenue Orange). La course aux parts de marché et l'arrivée de la téléphonie mobile, qui s'est progressivement substituée au fixe, ont accéléré la baisse des prix. Les opérateurs ont dû investir massivement pour moderniser leur réseau, passer du cuivre à la fibre optique et déployer les réseaux mobiles de génération 1 à 5 pour suivre la demande de gestion de données en croissance exponentielle.

Les enchères pour les licences de fréquence mobile ont souvent été si coûteuses que l'endettement des opérateurs a augmenté sans trouver un retour sur investissement suffisamment rapide. À cela s'est ajoutée l'érosion des revenus traditionnels, la voix sur internet (Skype) remplaçant progressivement la téléphonie vocale traditionnelle, le SMS lui aussi remplacé par la messagerie sur internet (WhatsApp).

Les régulateurs ont mis du temps à réagir à la montée en puissance de ces services dits *over the top* que sont WhatsApp, Netflix ou Skype, qui ont déplacé sur internet les revenus des opérateurs télécoms. Les régulateurs européens l'ont toujours fait en tentant de réguler les opérateurs internet plutôt qu'en dérégulant les opérateurs télécoms. Il y a eu peu de cas en Europe d'opérateurs télécoms nés dans les années de la libéralisation et devenus de véritables compétiteurs internationaux.

Exception qui confirme la règle : Iliad (Free).

Carlo a eu l'occasion de suivre le cas de Free dès son développement en France. À l'époque, il dirigeait en France puis en Europe le fournisseur d'accès internet America Online (AOL). Free doit son succès à trois facteurs. D'abord, l'innovation technologique : elle fut la première entreprise en Europe à proposer le triple puis le quadruple play – accès internet, distribution de contenus, téléphones fixe et mobile avec un seul contrat. Ensuite, une gestion de « bon père de famille » attentive aux coûts : le fait de partir de zéro, donc de ne pas avoir de transformation sociale, de poids de la libéralisation à porter. Free a réussi à entrer sur le marché avec une offre *low cost*, profitant de sa structure de coûts très maigre et de l'accès à l'infrastructure en France à prix avantageux. Enfin, l'entreprise a su continuer à innover, avec les box convergentes (téléphonie, accès internet, contenu), et a mené une expansion internationale prudente, répliquant le modèle *low cost* et innovation français.

***

L'histoire des marchés des semi-conducteurs et des ordinateurs en Europe ne diffère pas tellement de celle des télécoms. Comparée aux États-Unis et à l'Asie (Japon, Taïwan, Corée du Sud et Chine), l'Europe n'a pas su développer une politique industrielle commune. Aux États-Unis, les industries militaire et spatiale ont soutenu le développement de l'industrie informatique par des commandes massives (passées notamment par la Nasa), par la création de standards communs dans tout le pays. En Europe, nous avons agi de manière désordonnée, en permettant la concurrence entre pays de la zone.

Si bien que des entreprises comme Bull, Siemens, Olivetti ou ICL ont eu des difficultés à concurrencer IBM, Intel ou Fujitsu, ces dernières bénéficiant de marchés de tailles beaucoup plus importantes, de subventions massives et d'une demande forte des institutions.

Les entreprises européennes, en outre, ont souvent adopté des technologies propriétaires qui n'ont pas réussi à s'imposer comme normes mondiales. Olivetti et Bull ont ainsi développé des systèmes d'exploitation incompatibles avec le MS-DOS d'IBM et Microsoft.

Marchés fragmentés, concurrence locale et internationale excessive, manque de vision en termes de régulation et de standardisation… Résultat : les industries américaines et asiatiques ont pris les devants sur le marché des semi-conducteurs et des ordinateurs. Le temps dira si la nouvelle tendance à la souveraineté pourra apporter un changement en imposant des opérateurs locaux.

Il est également certain que la difficulté des Européens à investir en recherche et développement (R&D) est due à leur taille par rapport aux concurrents américains et asiatiques, mais aussi en raison d'un régime fiscal défavorable et d'un coût du travail peu compétitif.

***

L'Europe a pourtant essayé, avec des projets comme JESSI (Joint European Submicron Silicon Initiative) et MEDEA, dans les années 1990 à 2000. Mais cette tentative était trop fragmentée entre différents pays européens, chacun essayant de soutenir ses champions, ce qui a conduit à une dilution des ressources et à une absence de coordination des politiques industrielles nationales et européennes. C'est au cours de ces mêmes années que Microsoft, Apple, Google, Facebook et Amazon deviennent des colosses mondiaux, favorisés par un puissant marché local homogène et par une régulation prudente.

Il est impératif, si nous voulons relever les défis nouveaux que pose l'IA, de pratiquer un droit d'inventaire de cet échec massif – raison pour laquelle nous prenons le temps, dans ce livre, de revenir sur l'histoire d'internet.

Car les facteurs de fragilisation du secteur technologique européen sont toujours là : concurrence malsaine entre la Commission européenne et les nations en matière de régulation, incompréhension de l'importance des normes et de l'interopérabilité qui ont laissé se développer de multiples standards, mais aussi idée prégnante que la protection des consommateurs implique une concurrence tarifaire plutôt qu'un soutien à l'innovation technologique. Ajoutons à ce cocktail délétère que très peu aura été fait pour favoriser la coopération transfrontalière en Europe.

***

Notre continent est pourtant capable d'agir. En matière de protection des données personnelles, l'Europe a pris de l'avance sur les États-Unis avec le RGPD (Règlement général sur la protection des données), adopté en 2016 et applicable depuis 2018. Objectif du règlement : unifier la protection des données personnelles des citoyens européens tout en régulant la manière dont les entreprises collectent, stockent et utilisent ces données. Les États-Unis, eux, n'ont toujours pas de loi fédérale unique couvrant la protection des données personnelles, mais un ensemble de lois sectorielles et régionales.

Plusieurs événements récents ainsi que l'avènement de l'IA semblent donner raison à la vision européenne en matière de protection des droits des consommateurs et de protection de l'environnement.

Le scandale de Cambridge Analytica en 2018 a eu un impact fondateur sur la nécessité du RGPD comme sur l'importance de la protection de la vie privée aux États-Unis. Cambridge Analytica était une société britannique de conseil en communication et analyse de données. Elle avait développé une offre pour cibler les électeurs dans les campagnes politiques et en influencer les choix.

Comme nous l'avons déjà exposé, la technique reposait sur le microciblage personnalisé : les messages envoyés étaient adaptés aux caractéristiques de chaque internaute. Cela a notamment permis d'agréger des électeurs qui auraient été en désaccord sur l'ensemble d'un programme en ne leur soumettant que des extraits de celui-ci auxquels ils pouvaient adhérer. Jusque-là rien de neuf : c'est le principe même du marketing politique et du ciblage d'un message. Le scandale est né car Cambridge Analytica a eu accès à des données personnelles en utilisant Facebook de manière détournée.

Une application, présentée comme un test de personnalité, amenait les usagers du réseau social à donner accès à des données personnelles ainsi que des données de leurs contacts. Résultat : l'application de Cambridge Analytica a réussi à collecter des données sur 87 millions de personnes en ayant accès à seulement 270 000 utilisateurs. (L'épisode a d'ailleurs forcé Facebook à changer de politique en matière de partage de données des « amis Facebook » sans consentement explicite.) Cambridge Analytica a ensuite utilisé ces données pour créer des profils détaillés des utilisateurs exploités pour des publicités politiques. La société a déclaré avoir employé ces techniques pour promouvoir l'élection de Trump en 2016 et le Brexit la même année.

Ce scandale a relancé le débat sur la protection des données personnelles, la transparence du comportement de Facebook et des plateformes technologiques en général et sur l'influence des publicités politiques ciblées.

Il a précipité l'adoption du RGPD et du California Consumer Privacy Act (CCPA).

***

D'autres scandales ont aussi contribué à la prise de conscience de l'importance du respect de la confidentialité des données personnelles.

Carlo se souvient de l'affaire Street View de 2010 chez Google. Les développeurs de l'entreprise se sont aperçus que les voitures de Street View avaient capté des données privées de réseaux wifi non sécurisés alors qu'elles parcouraient les rues pour les cartographier à 360 degrés. Il n'y avait apparemment aucune intention de nuire ni de collecter des données non nécessaires à Street View, mais le mal était fait et la confiance mise en doute. Ce premier cas a ouvert le débat sur l'accès aux données privées par les entreprises de technologie (l'option SafeSearch permettant de surfer incognito sur internet n'était née qu'en novembre 2009 et uniquement pour les usagers disposant d'un compte Google).

Trois ans plus tard éclatait un scandale autrement retentissant. Edward Snowden, ancien employé de la NSA (National Security Agency aux États-Unis), révélait alors que celle-ci menait une surveillance de masse à l'échelle mondiale, collectant des données de millions de personnes : appels téléphoniques, courriels, activités en ligne – sans consentement particulier... Plusieurs programmes de la NSA étaient dédiés à cette mission : PRISM pour accéder aux données Google, Facebook, Apple, Microsoft ; XKeyscore pour recueillir des données à travers le monde ; surveillance de pays alliés (même le téléphone de la chancelière allemande Angela Merkel était surveillé !).

C'est dans ce climat de crainte suscité par les dérives des grands opérateurs ainsi que par le comportement du gouvernement américain que le RGPD, la loi sur la protection des données, est né en Europe.

***

Il est important de rappeler qu'aux États-Unis, la protection de la collectivité, en termes d'usage des données, passe avant celle de l'individu. Plus ou moins en même temps que le RGPD naît aux États-Unis, en mars 2018, le CLOUD Act (Clarifying Lawful Overseas Use of Data Act) qui renforce les pouvoirs des autorités pour accéder aux données stockées à l'étranger par des entreprises technologiques américaines. Cela signifie que le gouvernement fédéral, pour une enquête criminelle ou fiscale, peut demander aux entreprises américaines l'accès aux données théoriquement de quiconque dans le monde. Sa justification est qu'avec la montée en puissance du cloud computing, les données peuvent être stockées n'importe où sur la planète.

Cette loi a relancé le débat sur la souveraineté ; comment en effet soutenir qu'une entreprise américaine est soumise à la loi locale si une loi américaine peut permettre l'accès aux données ? Comment, après Snowden et Cambridge Analytica, croire que les Américains ne recourront pas à cette loi à des fins politiques ou qu'il n'y aura pas d'abus dans son utilisation ?

Google, Microsoft, Apple et Facebook ont toutes, plus ou moins timidement, soutenu le CLOUD Act car il leur offrait un cadre juridique clair dans leurs relations avec le gouvernement américain. Mais aussi parce que leur vision du cloud est globale.

Aux États-Unis même, certaines associations de protection des droits civiques ont manifesté leur inquiétude ; mais c'est surtout en Europe que le fossé avec les États-Unis s'est creusé. Le CLOUD Act est-il une violation du RGPD ? Comment les accords bilatéraux seront-ils mis en œuvre ? Les actions du gouvernement américain se limiteront-elles à des enquêtes criminelles ?

Le CLOUD Act marque une rupture de confiance entre l'Europe et les États-Unis, malgré le fait qu'il ouvre des traités de réciprocité avec des pays « où la vie privée est considérée comme une valeur importante ».

Le respect de la dignité humaine, de la liberté individuelle, du principe d'égalité et le soutien à la démocratie sont devenus le fondement du positionnement de l'Europe en matière de réglementation des technologies de la communication. L'Europe se cherche un rôle de garant de la centralité de l'être humain dans un monde de plus en plus influencé, pour ne pas dire dominé, par la technologie.

Les entreprises américaines n'étaient pourtant pas forcément perdantes, au moins dans un premier temps, face aux lois européennes sur la protection de la vie privée. La mise en application du RGPD en 2018 marque un tournant. Il oblige notamment les acteurs du web à obtenir un consentement explicite pour collecter des données sur leurs utilisateurs – il se matérialise pour vous par ces fenêtres qui s'ouvrent sur votre écran lorsque vous vous connectez à un site pour la première fois : elles vous informent sur la nature et les destinataires des informations collectées et vous demandent si vous acceptez ou non cette collecte. Paradoxalement, cette démarche favorisait, du moins au début, les opérateurs américains par rapport aux Européens. Le consentement explicite serait bien plus facile à obtenir pour Google ou Facebook que pour un opérateur de presse ou de services spécialisés en Europe. Il est en effet plus aisé de comprendre quel service on obtient en échange du consentement donné à Google ou Facebook, que de la part d'un opérateur de presse par exemple. De plus, le règlement est beaucoup plus difficile à appliquer pour une petite entreprise que pour une grande. Carlo se souvient encore, cette année-là, d'un double dialogue de sourds : les Européens semblaient ne pas comprendre l'avantage du RGPD pour les Gafam, et Google ne voyait pas l'intérêt de cette loi.

Le RGPD a néanmoins eu le mérite de situer le débat sur le terrain des droits humains. Il a été suivi en Europe par une évolution progressive de la réglementation qui, si elle ne favorise pas les entreprises européennes par rapport aux américaines ou aux chinoises (ce n'était d'ailleurs pas le but), permet de remettre les valeurs au centre du débat social et politique et de restituer au régulateur une vraie capacité d'action et une légitimité importante. Ce n'est pas rien.

***

Ce premier pas a sans doute contribué à préparer les suivants. L'arrivée de l'intelligence artificielle et la taille des géants de la technologie impliquent de regarder le progrès technologique avec toujours plus d'attention pour ce qui concerne les questions de dignité humaine. L'adoption en 2022 du Digital Services Act (DSA) et du Digital Markets Act (DMA), à l'initiative de Thierry Breton, alors commissaire européen au Marché intérieur, a ainsi renforcé la capacité de l'Europe à promouvoir le respect de la vie privée, à lutter contre les *fake news* et à combattre les tentatives d'ingérence dans les processus électoraux démocratiques.

Le Digital Services Act responsabilise les plateformes. Il prévoit que celles-ci prennent des mesures contre la désinformation, les discours haineux ou la vente de produits illégaux. Et impose des mesures dont la contrainte est proportionnée à la taille de l'entreprise. Il renforce aussi la protection des utilisateurs en cas de censure de leurs contenus ou d'exposition à des contenus non appropriés.

Il exige notamment des plateformes une transparence sur les méthodes de recommandation et une modération des contenus. Pour les plus grandes (Google, Facebook, X), des mécanismes d'audit annuel sont prévus et on attend beaucoup des audits réguliers sur les mesures que les algorithmes des grandes plateformes mettent en œuvre pour protéger les usagers des fausses informations. Le Digital Services Act prévoit encore que la publicité ne puisse pas cibler les consommateurs en utilisant des données sensibles telles que les origines ethniques, la religion ou l'orientation sexuelle.

Le Digital Markets Act, lui, tente de limiter le pouvoir des géants – ces grandes plateformes appelées *gatekeepers* (gardiennes) des marchés numériques. Il vise à prévenir les risques d'abus de position dominante et encourage une concurrence « équitable » entre entreprises de tailles différentes. Ces « gardiennes » ne peuvent pas favoriser leurs propres services et la Commission surveillera leurs acquisitions futures pour éviter qu'elles ne soient utilisées comme moyen d'éliminer des concurrentes.

La nouvelle position de l'Europe pour protéger les usagers contre les fausses informations, protéger leurs données sensibles et prévenir en amont les abus de position dominante est donc une avancée importante. Sera-t-elle réellement applicable ? De quels moyens va se doter l'Europe pour les mettre en œuvre ? Y aura-t-il au sein des pays européens une volonté commune et cohérente ?

Il n'est malheureusement pas aberrant d'en douter, si l'on observe l'évolution du concept de souveraineté numérique.

***

La souveraineté désigne le droit de gouverner son territoire indépendamment d'ingérences externes. Ce concept devient de plus en plus central.

D'abord d'un point de vue économique : la globalisation et la puissance économique et financière des grandes plateformes ont un impact évident sur le développement des opérateurs locaux. Comment proposer aujourd'hui un service numérique, un contenu ou un jeu sans avoir de relation avec les grandes plateformes américaines ou chinoises ? Ensuite d'un point de vue social : soutenir ses valeurs et sa culture suppose qu'elles prospèrent.

La souveraineté économique nationale n'est pas seulement remise en question par la taille des grandes plateformes, la nature globale du cloud et de l'IA, mais aussi par des choix conscients faits en développant les organisations internationales telles que l'Organisation des Nations unies, le Fonds monétaire international, l'Organisation mondiale du commerce.

La vision de la souveraineté est en effet très différente en Europe, aux États-Unis ou en Chine.

Dans ce pays, comme en Russie, le gouvernement contrôle internet (aussi bien les données qui circulent dans le pays que les contenus auxquels ses citoyens ont accès). Cette « Grande Muraille numérique » permet à la Chine de bloquer des services étrangers (comme Google ou Facebook) et d'exercer une surveillance active sur tout contenu circulant sur son territoire. La Russie a une approche semblable ; elle y ajoute des exigences sur le stockage de données en local.

Les États-Unis sont bien évidemment conscients que leurs grandes entreprises de technologie (Google, Facebook, Apple, Microsoft et Amazon) dominent le marché mondial. Leur approche est par ailleurs naturellement plus libérale et peut se résumer ainsi : laissons faire nos entreprises, qui ont plutôt pas mal réussi. L'intervention de l'État se limite au contrôle d'abus éventuels. D'un point de vue plus philosophique, l'esprit pionnier, la liberté d'action favorisant l'innovation et l'innovation favorisant le progrès sont profondément ancrés en Amérique, et c'est un des rares sujets qui ne déchire pas républicains et démocrates.

L'Europe, nous l'avons vu, défend une approche centrée sur le respect de la dignité humaine. Se donne-t-elle réellement les moyens de la mettre en œuvre ?

***

La souveraineté européenne supposerait de protéger les citoyens, les États et les entreprises et d'être indépendante en termes de stockage et de gestion des informations – en tout cas les informations confidentielles telles que les données de santé, les orientations religieuses et sexuelles ainsi que les informations financières…

Concrètement, cela signifierait proposer aux consommateurs citoyens européens des alternatives européennes à Google, Microsoft, Facebook, Apple ou même Amazon. À court terme, c'est tout bonnement utopique. Les consommateurs continueront à utiliser les services de réseaux sociaux de Facebook, les logiciels d'écriture, de calcul et de stockage de photos de Google ou Microsoft. Ces plateformes ont, et auront accès, à des données sensibles. Dans ce contexte, une application rigoureuse et efficace du RGPD, du DSA et du DMA apparaît comme la voie la plus naturelle (et surtout la plus réaliste) pour protéger les consommateurs européens. Continuer la discussion Europe-États-Unis au sujet de l'application du CLOUD Act américain de 2018 et de ses dérives potentielles est également stratégique et prometteur.

Si la situation est complexe pour les entreprises, c'est pour les États et les institutions qu'elle devient réellement critique.

Pour les entreprises, la souveraineté renvoie à un enjeu de protection de leur propriété intellectuelle et des données de leurs consommateurs. Nous avons vu ce que l'intelligence artificielle peut permettre à partir de l'analyse de données clients. Il est donc essentiel d'avoir la maîtrise de ces données. Il est aussi important de ne pas dépendre des conséquences d'éventuelles tensions internationales dans la gestion du cloud et du système d'information d'entreprise.

Pour les États, la souveraineté dans la gestion des données régaliennes (santé, fiscalité, justice…) est une évidence. Toutefois, comment la garantir dans le monde actuel sans limiter l'innovation et la qualité des services ?

Comme toujours quand on parle de numérique, ces enjeux liés aux valeurs renvoient directement à des questions techniques. Pour l'essentiel, la souveraineté numérique suppose que le stockage et la gestion des données soient contrôlés localement, que les infrastructures réseau (centres de données, fournisseurs d'accès internet et réseaux de télécommunications) soient aussi locales et indépendantes d'ingérences externes et, bien sûr, que la cybersécurité soit maîtrisée localement. Cela suppose également que les logiciels utilisés dans chacune des activités citées soient auditables et que tout accès supra-européen soit empêché.

***

Mettre en place la souveraineté numérique est en fait un programme vaste et complexe qui renvoie à cette autre question, non moins déterminante : peut-il y avoir une véritable souveraineté (européenne) sans indépendance énergétique pour alimenter les réseaux ?

Soyons lucides : aujourd'hui, le défi de la souveraineté numérique européenne est peut-être déjà perdu. Seuls espoirs : que les États-Unis fassent preuve de bonne volonté à l'endroit de notre continent ou que notre système de valeurs devienne la référence mondiale, la base des nouvelles « règles du jeu ».

Pour le comprendre, détaillons chacune des couches technologiques concernées.

Le *hardware* d'abord (le matériel). L'Europe ne possède plus de technologie de semi-conducteurs et microprocesseurs pour alimenter ses ordinateurs, ses téléphones portables ou ses serveurs. La dépendance vis-à-vis de fabricants étrangers, notamment asiatiques (comme Samsung, TSMC ou Huawei), nous rend vulnérables non seulement à des perturbations d'approvisionnement mais aussi à d'éventuelles manipulations dans la production. Il existe un seul opérateur européen capable de rivaliser avec les Américains de HPE ou les Chinois de Lenovo pour produire les ordinateurs à haute performance nécessaires aux data centers et aux systèmes souverains d'entreprises et d'États : Atos/Bull – entreprise en crise récemment refinancée (espérons que cela lui permettra de développer une activité hardware souveraine au niveau européen).

La situation n'est pas meilleure pour les réseaux de télécommunications, alors même que, des centres de données aux réseaux de télécoms, cette couche est essentielle pour la souveraineté. Certes, la propriété des infrastructures et la non-dépendance à des opérateurs étrangers sont progressivement mises en place en Europe pour les réseaux fixes et mobiles. La souveraineté des opérateurs européens semble pouvoir être préservée. D'autant que l'Union européenne va se doter d'une constellation d'internet spatial souveraine, afin de ne pas dépendre des infrastructures américaines ; c'est le projet Iris 2, qui prévoit un réseau de 290 satellites multiorbitaux[1].

Mais comment gérer les câbles sous-marins ? Quels contrôles pour les entrées et sorties de données ? Comment garantir que les données ne soient pas vulnérables à des formes d'espionnage ou de vol ? Le renforcement constant de la cybersécurité nationale et européenne, le cryptage sous contrôle local des données, la définition de modes de traitement spécifiques pour les données stratégiques et confidentielles sont des réponses à ces questions. Mais sont-elles réellement suffisantes pour pouvoir parler de souveraineté complète ?

Concernant les infrastructures logicielles (le cloud) et applicatives (les logiciels de service), la réponse est encore plus nette. Les principaux fournisseurs de cloud (Amazon, Google, Microsoft) sont situés hors d'Europe. Bien sûr, ils ont tous développé récemment des data centers en Europe, mais cela ne les rend pas indépendants du CLOUD Act américain. En clair : aucun fournisseur européen de système d'exploitation n'est aujourd'hui en position de proposer un service équivalent à celui des grands fournisseurs de cloud américains.

Des fournisseurs comme OVHcloud, ou certains opérateurs de télécommunications, déclarent avoir développé des alternatives souveraines aux plateformes américaines. Si on regarde ces solutions, il est vrai que le stockage est local et soumis au RGPD. Ces fournisseurs proposent en outre des services d'infrastructure à la demande et

---

1. V. Guillermard, « L'Europe aura bien sa constellation souveraine d'internet spatial avec le projet Iris 2 », *Le Figaro*, 31 oct. 2024, https://www.lefigaro.fr/economie/l-europe-aura-bien-sa-constellation-souveraine-d-internet-spatial-avec-le-projet-iris-2-20241031.

des services de plateforme pour le développement et le déploiement d'applications. Mais ils ne disposent pas des « places de marché » d'applications des opérateurs américains. Or ces derniers ne tirent pas leur force de l'environnement de gestion des infrastructures et plateformes qu'ils proposent, mais de la grande variété de logiciels, vendus comme services, que leurs places de marché mettent à disposition – à quoi on peut ajouter leurs partenariats avec les producteurs de logiciels de tout type, incluant la gestion de l'IA.

Pour les téléphones et ordinateurs portables, c'est encore plus évident : Android, macOS et Windows dominent le marché. Il n'existe aucune alternative européenne. À ce stade, la seule défense, outre le cryptage des données, est l'utilisation de logiciels open source (Linux) dont le code source permet une adaptabilité complète.

***

Ces périls, l'Europe les connaît. Elle tente de s'en prémunir avec des initiatives comme le Chips Act ou Gaia-X. Elles sont intéressantes mais ne suffisent pas à garantir notre future souveraineté.

Le Chips Act (littéralement : la Loi sur les puces électroniques) a été adopté aux États-Unis comme en Europe afin de renforcer la production locale de semiconducteurs et de réduire la dépendance à l'Asie. L'US Chips Act d'août 2022 soutient la recherche avec 53 milliards de dollars de subventions à la production nationale et crédits d'impôts ; il introduit aussi la préférence locale pour les appels d'offres publics. Le Chips Act approuvé en 2023 en Europe vise à doubler la part de marché de l'Europe (de 10 % à 20 %) sur ce marché d'ici à 2030.

L'Europe mobilise 43 milliards d'euros pour la R&D et les subventions aux opérateurs.

Gaia-X tire son nom de la déesse mère des Titans et déesse primordiale de la Terre. Quel nom porteur de promesses pour promouvoir la renaissance de titans de la technologie en Europe ! Dans les faits, le projet est bien parti. Il a pour objectif de proposer une infrastructure de données sécurisée, fiable et souveraine. Il a réuni les principaux opérateurs télécoms européens, les opérateurs de la filière du cloud et plusieurs grandes entreprises utilisatrices. Gaia-X a eu le mérite de poser le problème de la souveraineté aux entreprises, d'encourager l'interopérabilité entre plateformes et de favoriser le respect du RGPD en le promouvant au sein de ses nombreux adhérents.

Mais Gaia-X ne propose pas d'alternative aux plateformes cloud américaines. Obstacles : les divergences en matière de propriété intellectuelle, les différences d'intérêts entre opérateurs des différentes couches de la filière, la complexité de gouverner un tel projet dans une Europe encore trop divisée. Si bien que l'on attend toujours des résultats de Gaia-X à la hauteur de la promesse initiale.

Néanmoins, le choix pragmatique de Gaia-X – se concentrer sur une couche favorisant l'interopérabilité entre différents clouds et donc la portabilité des données – est peut-être la seule option possible face aux opérateurs américains. Imaginer les remplacer totalement tout en gardant la capacité d'innover et d'être compétitifs dans notre époque de cloud et d'IA apparaît en effet illusoire.

***

Toute régulation de l'IA doit s'inscrire dans un cadre international pour avoir une application le plus large possible, c'est-à-dire être réellement applicable.

Cela pourrait justifier l'idée d'inscrire l'IA dans le cadre d'une organisation internationale comme l'Organisation mondiale du commerce (OMC). Mais la philosophie de l'OMC est fondamentalement libérale : tout a été imaginé et construit pour faciliter et développer les échanges mondiaux, non pour les encadrer et encore moins pour les limiter. En outre, un accord à l'OMC est toujours long à conclure, *a fortiori* s'il ne préexiste pas de consensus clair entre les membres.

Or notre préoccupation, concernant l'IA, est au contraire d'encadrer rapidement son fonctionnement et son exploitation.

L'esprit de ce qui devrait être imaginé se rapproche plutôt de ce qui a été mis en place à Bruxelles en 2022, avec le DMA (Digital Markets Act) et le DSA (Digital Services Act), déjà mentionnés. Pour la première fois, à travers ces deux accords, on cherche à réguler le secteur numérique pour garantir une meilleure protection des consommateurs. Il faut souligner que ces textes servent actuellement d'exemples pour d'autres régions du monde qui commencent à avoir la même préoccupation de défense du consommateur. Même s'ils n'ont pas un cadre aussi large que l'OMC, le fait qu'ils soient mis en place, appliqués, et commencent à servir d'exemples à d'autres pays, doit nous faire réfléchir.

Une première possibilité consiste donc à travailler à un accord sur l'IA au sein de l'Union européenne pour l'étendre ensuite à d'autres pays ou même à l'OMC. L'on partirait d'une base sans risquer de se faire imposer une perspective ultralibérale contraire à ce qui doit être fait si nous voulons encadrer le développement de l'IA.

Une seconde, qui a notre faveur, consiste à créer une autorité mondiale de régulation de l'IA. Avant d'en tracer les contours, rappelons aux sceptiques que l'humanité sait agir de concert quand elle décide qu'un sujet mérite le dialogue et la recherche d'un compromis qui permette d'éviter des conséquences graves pour tous. Elle l'a prouvé.

***

8 mai 1945, fin de la Seconde Guerre mondiale. Plus de 60 millions de morts dont plus de la moitié sont des victimes civiles, des dizaines de grandes villes dévastées (Stalingrad, Berlin, Tokyo…), la création d'une arme, la bombe atomique, d'une puissance inimaginable auparavant, et un monde divisé en deux blocs que tout oppose et qui sont au bord de se détruire mutuellement, comme le montre très rapidement leur affrontement en Corée dans les années 1950.

Pourtant, malgré les incroyables tensions et difficultés existant en 1945, les principaux pays décident d'essayer de dépasser leurs oppositions pour construire un organisme capable d'assurer une paix durable. C'est la création de l'Organisation des Nations unies (ONU). Le 24 octobre 1945, soit quelques mois à peine après la fin de la guerre, est signée à l'instigation de Roosevelt une charte ratifiée par 50 pays, dont la Chine, l'URSS, les États-Unis, le Royaume-Uni et la France. Son objectif est de maintenir la paix et la sécurité mondiales, de développer la coopération internationale en matière économique, sociale, culturelle et humanitaire et de promouvoir les droits de l'homme.

L'objectif était donc, au départ, très vaste, presque utopique.

Les grands ennemis du moment (les États « capitalistes » et le bloc communiste) décident pourtant d'essayer de construire un organisme durable capable de maintenir un équilibre entre eux, un lieu de rencontre permettant d'échanger et de dépasser leurs problèmes. Pour y parvenir, l'ONU s'est structurée, avec une Assemblée générale regroupant tous les États membres (aujourd'hui au nombre de 193) qui adopte des résolutions (non contraignantes…), et un Conseil de sécurité, comprenant quinze membres – les cinq États permanents et dix représentants élus pour deux ans. C'est le véritable bras armé de l'ONU : à la différence de l'Assemblée générale, il peut adopter des résolutions contraignantes, décider d'opérations militaires et imposer des sanctions. Une Cour internationale de justice est créée pour faire appliquer les décisions du Conseil de sécurité ou de l'Assemblée générale. Évidemment, on voit bien que le fonctionnement peut en être entravé (en particulier du fait de l'utilisation par les États permanents de leur droit de veto) et que l'ONU n'empêche pas les affrontements actuels, en Ukraine ou au Moyen-Orient par exemple. Mais ces discussions et ces échanges ont pour l'instant toujours permis d'éviter le pire et en particulier un affrontement entre les deux blocs qui pourrait mener au recours à l'arme nucléaire.

***

Par ailleurs, afin d'être plus efficaces et surtout plus concrets, les États ont décidé de mettre en place des agences spécialisées travaillant de manière autonome. L'Unesco a été créée presque en même temps que l'ONU (novembre 1945) puisque sa mission (la culture) était déjà précisée dans la Charte initiale de l'Organisation. La FAO (Organisation des Nations unies pour l'alimentation et l'agriculture) a également été créée presque en même temps (octobre 1945), suivie par l'OMS (Organisation mondiale de la santé) en avril 1948.

Dans ces trois cas, on voit que la préoccupation, au lendemain de la guerre, était d'aider à la reconstruction du monde après les destructions des années 1940, en étant concret et en mettant en place des organisations aussi proches du terrain que possible et traitant des problèmes quotidiens des personnes (la santé, l'alimentation, l'agriculture…)

À côté de ces organisations politiques, les États jugent également indispensable d'organiser leur fonctionnement économique et d'aider à leur reconstruction après plus de six ans d'une guerre dévastatrice.

Le FMI et la Banque mondiale sont créés en décembre 1945, à la suite des accords de Bretton Woods de juillet 1944. Ils sont dédiés pour le premier à la stabilité du système monétaire international, pour la seconde à la reconstruction des pays en difficulté. Ces deux organisations fonctionnent toujours et, quatre-vingts ans après leur création, opèrent quel que soit le régime politique des États concernés, en fonction des problèmes qu'ils affrontent. C'est ainsi que le FMI est intervenu dans les dix dernières années pour aider au redressement économique de pays aussi différents que la Grèce, l'Argentine, le Pakistan, l'Égypte, la Tunisie ou le Sri Lanka… Dans tous ces cas de figure, c'est la communauté internationale, à travers le FMI, qui a choisi d'agir pour aider un pays en difficulté.

La communauté internationale a aussi voulu intervenir sur le fonctionnement des relations économiques mondiales. Ce fut d'abord, dès 1947, la mise en place du GATT (General Agreement on Tariffs and Trade), visant à réduire les barrières commerciales, à réglementer les tarifs douaniers, à fixer des quotas entre États membres et à trancher leurs différends commerciaux.

Le succès de cette initiative et l'importance des problèmes traités ont conduit les États signataires, en 1995, à remplacer cet accord par une organisation pérenne, l'Organisation mondiale du commerce (OMC). 164 pays sont aujourd'hui membres de l'OMC dont, comme pour l'ONU, les plus grands pays, quels que soient leur régime politique ou leur niveau de développement : États-Unis, Chine, Japon, Russie, Inde, Brésil, pays d'Europe, mais aussi Égypte, Pakistan…

Afin d'être le plus efficace possible, des accords spécifiques ont été signés avec des pays en voie de développement (Haïti, Bangladesh, Népal…) et des négociations sont en cours pour l'adhésion de nouveaux membres (Libye, Éthiopie…). L'OMC a conclu des accords sujet par sujet, sur les services, les télécommunications, la propriété intellectuelle… L'ensemble des activités économiques entre pays est donc sous la supervision de l'OMC.

***

Terminons ce bref tour d'horizon en rappelant l'existence d'organisations au périmètre plus restreint, dédiées à des domaines particuliers.

Après dix années de négociations, les États membres de l'ONU ont décidé en 1957 de confier à l'Agence internationale de l'énergie atomique (AIEA) le contrôle de la prolifération de l'énergie nucléaire, avec plusieurs objectifs dont, entre autres, la sécurité nucléaire (autour des installations existantes), la coopération technique (assistance et conseil pour les pays qui souhaitent investir dans le nucléaire pacifique), la surveillance et la vérification (les activités des États membres doivent rester conformes aux engagements internationaux). 178 pays sont membres de l'AIEA qui leur permet de se tenir au courant notamment des progrès en matière de sécurité nucléaire. Aussi imparfaite soit-elle, cette agence contrôle le respect de règles établies internationalement sur la prolifération de l'énergie nucléaire.

Les pôles Nord et Sud sont également gérés de manière coordonnée au niveau international. Un Conseil de l'Arctique traitant des questions environnementales, économiques ou scientifiques gère le pôle Nord, dans le cadre du droit maritime international. Il est composé de l'ensemble des pays riverains : États-Unis, Canada, Norvège, Russie et Danemark. Le pôle Sud, n'ayant aucun État proche, a donné lieu à un traité international signé en 1959. Il établit que ce continent est une zone pacifique, dédiée à la recherche scientifique, qui ne peut être revendiquée par aucun État. Ce traité a été renforcé en 1991 par un protocole plus contraignant (le protocole de Madrid) afin de mieux protéger l'écosystème de l'Antarctique (régulation de la pêche, interdiction de toute exploitation minière) et de permettre le développement de coopérations scientifiques mondiales.

La conquête spatiale a elle aussi conduit les pays à s'entendre, sous l'égide des Nations unies. Dès 1967, a été signé un premier texte (le traité de l'Espace) consacré aux activités des États en matière « d'exploration et d'utilisation de l'espace extra-atmosphérique ». Principe fondateur : l'espace est un bien commun international qui ne peut être revendiqué par aucun État, doit donner lieu à une exploitation exclusivement pacifique et engageant la responsabilité des États pour les développements qu'ils mènent. Le tout devant être réalisé dans un esprit de coopération internationale. D'autres accords plus spécifiques ont été signés sur la responsabilité des États dans les dommages qu'ils pourraient causer, l'enregistrement des objets spatiaux (sujet de plus en plus important avec la multiplication des initiatives), le sauvetage des astronautes, et un accord sur l'exploitation de la Lune (encore peu signé).

Lorsque des intérêts économiques forts sont en jeu (la conquête spatiale, par exemple), la mise en application de ces accords est parfois difficile ou peut prendre du temps.

C'est pourtant la seule solution pour régler des problèmes internationaux.

Retenons que depuis 1945, au lendemain du désastre humain monumental qu'a été la Seconde Guerre mondiale, et au milieu d'une guerre froide qui semblait figer l'ensemble des États pour de très nombreuses années, les hommes ont été capables de créer l'ONU et d'imaginer des accords afin d'assurer la paix et le redémarrage d'un monde détruit.

***

Compte tenu de l'importance des enjeux liés à l'IA, il serait normal qu'une organisation internationale se saisisse de ce sujet et aboutisse à des accords positifs pour la mise en place d'une IA dans un cadre ordonné et pacifié.

Ces organismes n'ont sûrement pas eu tout l'impact espéré et les dérives restent graves et nombreuses ; il est toutefois certain que ne rien faire aurait été pis. En outre, nous faisons nôtre cette phrase de Jean-Jacques Rousseau : « L'ordre social ne vient pas de la nature, il est fondé sur des conventions. »

Le débat sur la nature, les fonctions et les pouvoirs d'un organisme mondial de régulation de l'IA demandent des compétences très variées allant de l'ingénierie à la philosophie en passant par l'économie, l'anthropologie, l'écologie, l'éthique. Il faudra de plus tenir compte de la diversité culturelle des nations, souvent alliée à une vision religieuse, ce qui ne facilitera pas les discussions.

Nous tenterons ici de lancer le débat en traçant les contours de ce que devrait être une organisation mondiale de régulation de l'IA.

CONCLUSION

DE GAÏA À GAIA : PROTÉGER L'HUMAIN ET L'HUMANITÉ

> « La cohérence entre les moyens et les objectifs est la clé de toute réussite ; sans elle, même les meilleures intentions échouent. »
>
> Antoine de SAINT-EXUPÉRY

L'autorité mondiale de régulation dont nous défendons la création, nous l'avons baptisée GAIA pour Global Artificial Intelligence Authority – et, bien sûr, en référence à la divinité primordiale de la mythologie grecque, qui personnifie la Terre.

Née du chaos, état primordial de l'Univers, Gaïa est la mère de toutes les créatures vivantes – plantes, humains, dieux… Les Titans naissent de son union avec le Ciel (Ouranos). Elle est confrontée dans son rôle de mère des Titans à un véritable dilemme éthique. Son fils et époux Ouranos empêche la naissance de ses enfants, en les gardant dans son ventre. Il craint une prophétie qui veut que l'un de ses fils le renverse. Gaïa, en tant que mère, ne peut accepter ce triste destin pour ses enfants. Son choix de demander à son fils Cronos (le dieu du Temps) de mutiler son père afin de le forcer à libérer les Titans représente le choix entre deux maux ; c'est en fait un « compromis éthique ».

Soulignons d'abord que l'idée d'une GAIA circule déjà. Nous l'avons dit, Elon Musk a proposé, dès 2017, la création d'une autorité de régulation mondiale pour l'IA. Il insistait alors sur l'importance de la prévention et de la proactivité face à des risques d'usage malveillant. « Retenez bien mes propos, avait-il lancé. L'IA est bien plus dangereuse que les armes nucléaires… Pourquoi n'avons-nous pas de surveillance réglementaire ?[1] » S'exprimant lors de la conférence technologique South by Southwest (SXSW) 2018 à Austin, au Texas, Musk est revenu sur ses avertissements inquiétants concernant les risques de l'IA et sur l'absence d'organisme de réglementation supervisant son développement – un manque, selon ses termes, « insensé ».

Le secrétaire général des Nations unies, Antonio Guterres, a lui aussi plaidé pour la création d'une plateforme internationale de gouvernance de l'IA, en 2023[2]. Il a proposé la création d'un organisme similaire à l'AIEA, que nous venons d'évoquer. Le Forum économique mondial (WEF) de Davos a également lancé une

1. C. Olivier, « Pour Elon Musk l'IA est bien plus dangereuse que l'arme nucléaire », Développez.com, 27 mars 2019, https://www.developpez.com/actu/253040/Pour-Elon-Musk-l-IA-est-bien-plus-dangereuse-que-l-arme-nucleaire-alors-que-Bill-Gates-estime-que-l-IA-est-a-la-fois-porteuse-d-espoir-et-dangereuse/.

2. « Le chef de l'ONU annonce la création d'un comité consultatif sur l'intelligence artificielle », ONU Info, 26 octobre 2023, https://news.un.org/fr/story/2023/10/1140052.

initiative afin de créer des cadres mondiaux de régulation de l'IA.

L'Union européenne a quant à elle posé les bases d'une régulation qui pourrait inspirer le monde entier. L'AI Act est un règlement européen qui introduit un cadre réglementaire et juridique commun pour l'intelligence artificielle au sein de l'Union européenne. Entré en vigueur le 1er août 2024, ses dispositions s'appliqueront progressivement d'ici à 2027. Cette loi classe l'IA en fonction des risques qu'elle présente. L'UE en propose un résumé sur internet[3], dont nous avons retenu l'essentiel : « Les risques inacceptables sont interdits (par exemple, les systèmes de notation sociale et l'IA manipulatrice). La majeure partie du texte porte sur les systèmes d'IA à haut risque, qui sont réglementés. Une section plus petite traite des systèmes d'IA à risque limité, soumis à des obligations de transparence plus légères : les développeurs et les déployeurs doivent s'assurer que les utilisateurs finaux sont conscients qu'ils interagissent avec l'IA (*chatbots* et *deepfakes*). Le risque minimal n'est pas réglementé (y compris la majorité des applications d'IA actuellement disponibles sur le marché unique de l'UE, telles que les jeux vidéo et les filtres antispam activés par l'IA – au moins en 2021 ; cette situation est en train de changer avec l'IA générative). La majorité des obligations incombent aux fournisseurs (développeurs) de systèmes d'IA à haut risque. [...] Tous les fournisseurs de modèles GPAI [IA à usage général] doivent fournir une documentation technique, des instructions d'utilisation,

3. « Résumé de haut niveau de la loi sur l'IA », EY artificial intelligence, 27 février 2024, https://artificialintelligenceact.eu/fr/high-level-summary/.

se conformer à la directive sur les droits d'auteur et publier un résumé du contenu utilisé pour la formation. Les fournisseurs de modèles GPAI sous licence libre et gratuite doivent uniquement respecter les droits d'auteur et publier le résumé des données de formation, à moins qu'ils ne présentent un risque systémique. Tous les fournisseurs de modèles GPAI qui présentent un risque systémique – qu'ils soient ouverts ou fermés – doivent également procéder à des évaluations de modèles, à des tests contradictoires, suivre et signaler les incidents graves et assurer la protection de la cybersécurité. »

Enfin, Emmanuel Macron a lui aussi appelé à une régulation mondiale de l'IA, et cela à plusieurs reprises.

Dans une interview qu'il a donnée à *Variety* en septembre 2024, reprise par le *Huffington Post*, il cite même son cas personnel quand la journaliste évoque la diffusion sur les réseaux sociaux d'une vidéo *deepfake* où on le voit danser avec la chanteuse Taylor Swift. « Je n'ai pas vu cette vidéo, mais j'en ai vu une cet été où l'on a fait croire que j'embrassais l'un de nos agents de sécurité masculins. Des millions de personnes l'ont vue. Ce n'est pas une mauvaise chose en soi, mais ce n'est pas la réalité », répond Emmanuel Macron. Et de poursuivre : « Nous pouvons faire toutes sortes de choses avec l'IA, mais pour les personnes vulnérables, elle peut les plonger dans la dépression. Elle peut être une forme de harcèlement. Elle déstabilise les gens, elle peut désinformer, ce qui peut perturber nos démocraties. C'est quelque chose qu'il faut réglementer[4]. »

4. « Emmanuel Macron évoque son cas personnel dans une vidéo deepfake avec Taylor Swift, sur la régulation de l'IA », *Huffington Post*, 9 septembre 2024, https://www.huffingtonpost.fr/medias/article/

Cette déclaration s'inscrit dans la continuité de la vision portée par le président français. Dès 2018, Emmanuel Macron déclarait lors d'une interview à *Wired* reprise par *Le Monde* : « Cette énorme révolution technologique est en fait une révolution politique, déclare Emmanuel Macron. L'IA va soulever beaucoup de questions éthiques, politiques, elle va questionner notre démocratie et nos choix collectifs[5]. »

Carlo peut témoigner de cette constance, il accompagnait Emmanuel Macron en Serbie à la fin du mois de septembre 2024 quand le président français a proposé un modèle européen de régulation de l'IA autour de trois S : Science et rigueur (pour lutter contre le complotisme), Standards internationaux communs et Solutions communes agréées et ouvertes. Il a terminé son discours en plaidant pour plus d'investissements sur ce sujet… « C'est quand on est à un moment de maturité qu'on peut faire de la régulation un avantage compétitif. »

À cette occasion Carlo représentait le groupe Atos, seul producteur européen restant en capacité de produire des ordinateurs haute performance. Une partie du débat qui a suivi les propos du président Macron a également porté sur la question de puissance de calcul, condition nécessaire au développement de systèmes d'IA mais aussi fondement de la souveraineté, comme nous l'avons vu

---

intelligence-artificielle-emmanuel-macron-evoque-son-cas-personnel-dans-une-video-deepfake-avec-taylor-swift_240661.html.

5. « Pour Emmanuel Macron, l'intelligence artificielle est aussi "une révolution politique" », *Le Monde*, 31 mars 2018, https://www.lemonde.fr/pixels/article/2018/03/31/pour-emmanuel-macron-l-intelligence-artificielle-est-aussi-une-revolution-politique_5279161_4408996.html.

(afin de garder les données sur son sol et d'innover à partir d'une puissance de calcul « locale »).

***

De quels pouvoirs doit donc disposer notre GAIA afin d'être efficace ?

Pour ouvrir le débat, il nous a semblé logique de regarder les pouvoirs législatifs, réglementaires et d'harmonisation des politiques internationales mais aussi exécutifs : enquête, sanction, orientation de la coopération internationale. Et il nous a paru intéressant de poser directement la question à l'intelligence artificielle générative la plus avancée du moment, ChatGPT-4, en lui demandant, de plus, de citer ses sources.

À la question : « Que devrait faire une autorité pour la régulation de l'IA ? », ChatGPT répond :

« La création d'une autorité mondiale de régulation de l'intelligence artificielle (IA) soulève des questions cruciales concernant les pouvoirs et les fonctions nécessaires pour garantir que l'IA soit développée et utilisée de manière responsable, éthique et sûre.

Voici un ensemble de pouvoirs et de fonctions que cette autorité mondiale pourrait avoir :

1 – Pouvoirs

A. Pouvoir législatif et réglementaire :

— Établissement de normes mondiales : L'autorité devrait avoir le pouvoir de définir des régulations et des normes internationales sur le développement, l'utilisation, et la gouvernance de l'IA. Cela inclurait des lignes directrices sur la sécurité, la transparence et l'éthique de l'IA.

— Certification et audit : Elle pourrait être responsable de la certification des systèmes d'IA pour s'assurer qu'ils répondent aux critères de sécurité et d'éthique. Cela impliquerait des audits réguliers des entreprises et institutions qui développent ou utilisent l'IA.

B. Pouvoir de sanction :

— Sanctions et amendes : L'autorité devrait avoir la capacité d'imposer des sanctions financières et des amendes aux entreprises ou aux gouvernements qui ne respectent pas les réglementations sur l'IA. Cela inclurait la responsabilité des conséquences néfastes de l'IA (discriminations, accidents, biais).

— Suspension des activités d'IA : En cas de non-conformité grave, elle pourrait avoir le pouvoir de suspendre l'utilisation ou le développement de certaines applications d'IA qui représentent une menace pour la sécurité publique ou les droits humains.

C. Pouvoir d'enquête :

— Surveillance et inspection : L'autorité devrait avoir le droit d'effectuer des inspections et des audits des systèmes d'IA, des entreprises et des institutions à travers le monde pour s'assurer de la conformité aux normes.

— Collecte de données : Elle aurait le pouvoir de collecter des informations et de demander l'accès à des données pour évaluer les risques liés aux technologies IA.

D. Pouvoir d'orientation et de coopération internationale :

— Harmonisation des politiques internationales : L'autorité devrait pouvoir faciliter la coopération entre les pays et les régulateurs régionaux pour garantir une application cohérente des normes de régulation à travers le monde.

— Facilitation des échanges de bonnes pratiques : Elle pourrait coordonner les efforts des gouvernements et des entreprises pour partager des connaissances et des technologies autour de la régulation de l'IA.

2 – Fonctions

A. Développement de cadres éthiques :

— Création de principes directeurs sur l'éthique de l'IA : L'autorité serait responsable de la définition des cadres éthiques pour garantir que les systèmes d'IA soient conçus et utilisés de manière à respecter les droits humains, éviter les biais discriminatoires et promouvoir le bien commun.

— Approche centrée sur l'humain : Les modèles de régulation devraient assurer que l'IA reste au service des humains, avec des mécanismes pour protéger la dignité humaine, la vie privée et l'autonomie.

B. Gestion des risques et sécurité de l'IA :

— Évaluation des risques : L'autorité aurait la responsabilité de définir des méthodologies pour l'évaluation des risques associés à l'IA, notamment en ce qui concerne la sécurité des systèmes critiques (santé, infrastructures, défense).

— Surveillance des IA avancées : L'autorité pourrait surveiller les développements dans les systèmes d'IA de pointe, comme l'IA générale ou les algorithmes à grande échelle (par exemple, modèles comme GPT), pour anticiper et prévenir des utilisations dangereuses ou malveillantes.

C. Protéger les droits et la vie privée :

— Protection des données : L'autorité devrait fixer des règles mondiales strictes concernant l'utilisation des données dans l'IA, y compris la protection des données personnelles et la vie privée.

— Droits des utilisateurs : Elle garantirait des droits fondamentaux pour les individus face à l'IA, comme le droit à l'explication (explicabilité des décisions prises par l'IA), et le droit de recours pour contester des décisions automatisées injustes.

D. Recherche et innovation responsable :

— Soutien à la recherche éthique : L'autorité pourrait encourager la recherche dans l'IA tout en veillant à ce que celle-ci soit menée de manière responsable, en finançant des projets de recherche qui mettent l'accent sur la sécurité, l'équité et la transparence.

— Incitation à l'innovation positive : En plus de réguler les risques, elle encouragerait l'innovation qui maximise les bénéfices de l'IA pour la société (santé, éducation, climat).

E. Médiation et résolution des conflits :

— Plateforme de résolution de conflits : L'autorité pourrait agir comme une plateforme internationale de médiation pour résoudre les litiges entre gouvernements, entreprises ou citoyens concernant l'usage de l'IA, notamment en cas de violations éthiques ou de mauvaise utilisation.

F. Formation et sensibilisation :

— Formation des régulateurs et du public : L'autorité aurait un rôle de formation des acteurs publics et privés pour promouvoir la compréhension des risques et des avantages de l'IA. Elle pourrait organiser des campagnes de sensibilisation pour le grand public, afin de garantir que l'IA soit utilisée de manière responsable et bénéfique.

En conclusion : une autorité mondiale de régulation de l'IA devrait avoir des pouvoirs étendus couvrant la législation, l'enquête, la sanction et l'encouragement à la coopération internationale. Elle jouerait un rôle essentiel dans la gestion des risques, la protection des droits, la promotion de l'innovation éthique et la résolution des conflits. L'objectif serait de garantir que l'IA contribue au progrès tout en respectant les valeurs humaines et en prévenant les conséquences néfastes pour la société. »

Nous avons voulu laisser la proposition de ChatGPT dans son intégralité et sans apporter de modifications car nous avons trouvé franchement impressionnant qu'une intelligence artificielle soit capable d'une telle synthèse.

Si on demande ensuite à ChatGPT quelles ont été ses sources, elle répond : « Je n'ai pas utilisé de sources externes spécifiques pour répondre à votre question. La réponse est basée sur mes connaissances générales et les discussions actuelles dans le domaine de la régulation et de l'intelligence artificielle, notamment les recommandations et les pratiques envisagées par des institutions comme l'Union européenne, les Nations unies, ainsi que des experts en éthique et IA. »

***

Qu'ajouter à ce que ChatGPT-4 nous propose ?

Ce qu'il suggère répond au pourquoi et au quoi, mais ne dit pas comment mettre en œuvre GAIA.

Voici ce que nous préconisons.

GAIA ne peut agir sans mettre en œuvre une collaboration public-privé structurée à chaque étape de son fonctionnement.

Le développement technologique dépend du secteur privé. Nous l'avons vu, en particulier aux États-Unis, l'armée et l'État ont joué un rôle essentiel de stimulation du secteur privé (Arpanet et la création du World Wide Web, Darpa et les langages naturels dès 1960 et l'AI Act de 2024). Ce sont toutefois les entreprises privées qui détiennent les principaux algorithmes. La mise en œuvre de toute vision éthique de l'IA imposera la collaboration avec les entreprises privées.

L'impulsion réglementaire doit, elle, venir du secteur public. Les obligations liées à la protection de la vie privée, à la transparence, à la surveillance, tout comme la mise en œuvre de standards sont des fonctions naturelles des États.

Mais la puissance de GAIA procédera *in fine* des moyens qu'on lui donnera. Comme l'ONU a ses casques bleus, GAIA aura besoin de puissance de calcul et de relais locaux, tels les Titans de la mythologie grecque, pour pouvoir mener son combat contre la désinformation, la discrimination, les biais et les atteintes à la vie privée. Car GAIA devra combattre des ennemis cachés, bénéficiant parfois du soutien d'États ou d'institutions hostiles. La régulation en elle-même ne peut suffire dans un monde en constante évolution : c'est dans l'action continue que l'on pourra trouver le meilleur équilibre possible.

Nous proposons donc de créer un véritable organisme vivant, doté de puissance de calcul, de collaborations avec les institutions pour les éventuelles sanctions, d'une forte capacité de veille, afin de contribuer à l'évolution de l'IA et d'éviter les dérives les plus dangereuses. Le parallèle avec la bombe atomique est intéressant : il invite à la dissuasion et à la prévention mais induit que cela ne suffit pas. L'IA n'est pas « blanche ou noire » comme une explosion atomique mais invasive et en mouvement constant, comme l'eau ou les nuages. On ne peut, et on ne doit pas, inhiber l'IA ni la bloquer totalement – de plus, c'est impossible et cela relèverait d'une totale illusion. Les efforts doivent porter sur l'éducation, la canalisation des actions, la définition d'un sens éthique mondial respectueux des diversités.

Comment l'orienter ? Par exemple en s'inspirant des travaux de l'ingénieur égyptien Mohammad Gawdat. Ancien collègue de Carlo chez Google, et que Francis a bien connu aussi, Mo, comme on le surnomme, est devenu philosophe et écrivain. Son livre *La Formule du bonheur : Des résolutions pour être heureux !*[6] a été traduit en 28 langues. Dans sa dernière œuvre, *Scary Smart : The Future of Artificial Intelligence and How You Can Save Our World* (« Une intelligence qui fait peur : L'avenir de l'intelligence artificielle et comment vous pouvez sauver notre monde », non traduit en français), Mo prône une alimentation de l'IA qui soit en cohérence avec des valeurs positives, afin de diminuer les risques qu'elle agisse de manière nuisible dans le futur. La théorie de Mo est que l'IA apprend de ce qu'elle voit, en particulier nos comportements. Si nous lui montrons le meilleur de nous-mêmes en l'alimentant majoritairement avec des valeurs positives, nous pouvons

---

6. M. Gawdat, *La Formule du bonheur : Des résolutions pour être heureux !*, Larousse, 2018.

« contrebalancer » les biais ou les comportements nuisibles qu'elle va forcément rencontrer. En conséquence, Mo soutient aussi que l'IA doit être formée à reconnaître et valoriser les valeurs humaines essentielles : l'empathie et la compassion.

Il faut donner à notre GAIA un équilibre de fonctions de contrôle, de régulation et d'action, tout comme les douze Titans mythologiques de Gaïa symbolisaient l'équilibre cosmique et la légitimité du pouvoir : Océanos était le dieu des océans, Coéos celui de l'intelligence et des axes terrestres, Crios des constellations et des troupeaux, Hypérion, de la lumière, Japet de la mortalité humaine, Cronos (celui qui renversa son père Ouranos) du temps ; Théia était la déesse de la vue et de la lumière divine, Rhéa de la fertilité, Thémis de la justice divine, Mnémosyne de la mémoire, Phœbé de la lumière prophétique et Thétys des fleuves et des sources.

***

L'organigramme de GAIA aura besoin de plusieurs départements, nous en proposons ici dix :

- Calcul, véritable infrastructure du système afin de pouvoir exercer toutes les autres fonctions. Il devrait être doté d'un calculateur haute performance et son lieu d'opération, ainsi que la souveraineté de ses opérations, seront un élément fondateur du système GAIA.
- Éthique capable de tracer le respect des principes de transparence, de non-discrimination, et définition et évolution des droits fondamentaux pour garder l'homme au centre.
- Étude en matière de gouvernance et politique afin de pouvoir contribuer au débat régulateur.

- Étude en sécurité et gestion des risques.
- Protection de la vie privée.
- Audit de conformité pour vérifier la conformité aux normes des systèmes d'IA en fonction de leur niveau de risque, reprenant par exemple les catégories de l'AI Act européen.
- Veille, département dédié à la surveillance du web et au recensement des situations dangereuses.
- Une « police » capable de mettre en œuvre les sanctions et d'exécuter les décisions de l'autorité.
- Un département de justice et sanctions si la « police » ne suffit pas à faire respecter les règles.
- Enfin un département formation et éducation pour préparer le futur.

Organisme multicompétences et de taille significative, GAIA devra disposer de ramifications dans le monde entier afin d'entretenir une approche multiculturelle et ouverte.

La mise en place de cet organisme de régulation ne répondra pas totalement aux problèmes de concentration du pouvoir, ni aux risques pour l'emploi, ni d'ailleurs à toutes les formes de fraude et de manipulation, mais c'est un pas important vers le respect de l'humanité et de son environnement. La domination des géants technologiques et leur accès, unique, à des quantités de données de grande importance posent la question de leur potentielle influence politique et économique. Il faudra donc aussi que GAIA collabore avec les autorités de la concurrence et que ces dernières alignent leurs visions afin d'avoir une vraie capacité de réponse globale en face d'opérateurs mondiaux.

***

Soulignons enfin deux enjeux déterminants pour notre avenir commun, pour partie déjà mentionnés mais qui méritent toute notre attention.

Le premier porte sur l'impact de l'IA sur l'emploi, dans un contexte de croissance des inégalités, au sein de bien des pays et entre les pays. Les grandes entreprises de la tech ont longtemps soutenu qu'internet présentait plus d'avantages que de risques en matière d'emploi. La rapidité fulgurante avec laquelle l'IA transforme le marché change la donne. La création d'emplois qualifiés va selon toute probabilité augmenter le clivage entre zones évoluées et bassins d'emploi en difficulté. Cette rapidité est telle que les systèmes éducatifs ont bien du mal à suivre. Il faut impérativement travailler sur une répartition de l'éducation plus globale – les futurs flux migratoires en dépendent. Il faut aussi repenser la répartition des richesses, dans un temps bref, sans quoi la vision nationaliste de la répartition des biens et des ressources sera la cause de toujours plus de tensions internationales.

C'est là le second enjeu : si l'on veut éviter une future guerre mondiale due à la tension entre pays riches et pauvres ou aux différences culturelles et religieuses marquées, certains demeurant par ailleurs frustrés par l'impression d'une emprise des valeurs occidentales sur les consciences, il faudra être cohérents et créer une solidarité mondiale au niveau des problématiques de la globalisation.

Là encore, l'histoire nous instruit. Carlo se souvient de sa rencontre avec Kofi Annan en 1996, lors de la présentation d'une étude commandée à KPMG par la RAI (la télévision publique italienne) sur l'influence de la télévision dans le monde. « La mondialisation est un fait, confiait alors le sous-secrétaire général de l'ONU, mais il est de notre devoir de la rendre humaine en promouvant la solidarité. Le défi consiste à intégrer des pratiques de solidarité dans ce monde interconnecté pour éviter que les inégalités ne se creusent. » Le propos n'a rien perdu de sa justesse. GAIA pourrait être un des instruments majeurs pour relever ce défi. Son urgence a été soulignée par Anne Bouverot, chargée par l'Élysée de l'organisation du sommet pour l'action sur l'intelligence artificielle de février 2025 : « Entre les Nations Unies, le G7 ou le G20, il y a besoin d'un niveau intermédiaire, avec les pays les plus engagés sur les sujets de l'IA et souhaitant conduire des recherches ensemble ». Elle souligne aussi la nécessité de « clarifier comment les organisations [internationales] travaillent ensemble »[7].

La création de GAIA va demander des efforts importants mais il faut que les moyens octroyés soient à la hauteur des enjeux que nous venons de voir. Comme le dit le célèbre théoricien du management Peter Drucker : « Les objectifs sans les moyens ne sont que des rêves, les moyens sans objectifs ne sont que des dépenses. »

7. Alexandre Piquard, « Le sommet de Paris vise à agir contre les risques et surtout pour les bénéfices de l'IA », *Le Monde*, 9 décembre 2024, https://www.lemonde.fr/economie/article/2024/12/09/le-sommet-de-paris-vise-a-agir-contre-les-risques-et-surtout-pour-les-benefices-de-l-ia_6438198_3234.html.

ÉPILOGUE

NI OPTIMISTES NI PESSIMISTES, MAIS DÉTERMINÉS

« Le printemps est inexorable. »
Pablo NERUDA,
J'avoue que j'ai vécu

Souvenez-vous : nous n'étions pas faits pour nous entendre.

Pourtant, passé une première rencontre, nous avons appris à nous écouter et une amitié nourrie d'échanges incessants sur l'avenir de l'homme et de la technologie s'est engagée entre nous, dont ce livre témoigne. Sa conclusion sera à l'image de nos échanges depuis près de quinze ans : ouverte et tournée vers l'action – pour paraphraser Jean Monnet, un des pères de l'Europe politique, à l'orée de la construction de l'Union. Nous ne sommes ni optimistes, ni pessimistes, nous sommes déterminés.

Il le faut, tant les défis que nous lance l'avènement de l'ère de l'IA sont considérables. Vous l'aurez compris au fil de ces pages, une part de leur complexité tient à la nécessité de lier des enjeux proprement humains à des considérations technologiques de haut niveau. Mais ces dernières ne doivent pas l'emporter : ce qui est en question n'est rien de moins que la (re)définition de ce que c'est qu'être humain et de la manière dont, collectivement, nous faisons humanité. Comme le disent Eric Schmidt, Henry Kissinger et Daniel Huttenlocher dans leur ouvrage (non traduit en français) *The Age of AI And Our Human Future* : « L'intelligence artificielle promet de transformer tous les domaines de l'expérience humaine. Le cœur de cette révolution sera finalement au niveau philosophique, transformant comment l'être humain comprend la réalité et son rôle. »

« Si l'IA pense, alors qui sommes-nous ? » interroge Eric Schmidt dans ce même ouvrage. Une première réponse pourrait être empruntée à Descartes : nous sommes, justement, celles et ceux qui (se) posent des questions existentielles et c'est pour cela que nous évoluons. L'IA, elle, ne se pose pas de telles questions. Elle peut apprendre des données auxquelles elle a accès tout comme de son environnement, mais elle ne peut pas remettre en cause son rôle – la fonction pour laquelle elle a été créée. Ce point doit nous rassurer : il signifie que les scénarios imaginant une rébellion de machines devenues autonomes, « pensantes », ne constituent pas un risque majeur. Pour l'heure, d'ailleurs, les algorithmes sont conçus pour des tâches spécifiques et non pas pour évoluer vers une intelligence générale.

Cette « intelligence générale » capable de comprendre, d'apprendre et d'accomplir n'importe quelle tâche à un niveau comparable, ou supérieur, à celui des humains est également baptisée « singularité technologique ». Elle anticipe le jour où les progrès technologiques seront tels qu'ils atteindront un niveau de croissance exponentiel, incontrôlable et irréversible. Ce jour-là, l'IA dépasserait les capacités humaines dans tous les domaines. Même dans ce scénario, le risque ne serait toujours pas que la machine elle-même se rebelle.

Ce qu'il faut craindre, en revanche, c'est l'utilisation qu'en fait l'homme. Et c'est cela qu'il faut surveiller.

***

Raymond Kurzweil, futurologue et directeur de l'ingénierie de Google, est le grand penseur de la singularité. Pourtant, selon lui, même si cette singularité advient, le scénario de la « rébellion » de la machine demeurerait difficile à imaginer. Pour une simple raison : nous introduisons dans l'IA des valeurs humaines. Cette intelligence générale ne serait donc pas une entité distincte mais une extension de l'humain qu'elle renforcerait en repoussant ses limites cognitives ou physiques, donnant naissance au « transhumanisme ».

Selon Kurzweil mais aussi selon Kevin Kelly (cofondateur du magazine *Wired*) ou Hans Moravec (un des pionniers de la robotique), les robots vont surpasser l'intelligence humaine généraliste d'ici à 2035 ou 2040. Ils envisagent une fusion progressive entre humains et machines qui les « augmenteraient ». L'exemple le plus courant de cette augmentation consiste à imaginer des implants neuronaux capables d'accroître spectaculairement nos capacités cognitives. Cette perspective fascine autant qu'elle terrifie. Aujourd'hui, la question est moins de savoir si elle se réalisera (elle se réalisera) que de savoir quand et surtout comment.

Nous n'allons pas ici tenter de trancher entre, d'une part, la vision positive de la singularité, selon laquelle les êtres humains pourraient améliorer leur intelligence grâce à des implants neuronaux ou étendre leur durée de vie grâce à la médecine régénératrice, et, d'autre part, le transhumanisme pessimiste qui voit dans cette évolution la fin de l'humanité.

Il est en revanche essentiel de rappeler quels seront les ingrédients de l'IA du futur, en espérant que l'humanité se dotera d'une GAIA pour veiller sur l'évolution de la technologie et ses conséquences.

Comme nous l'avons vu tout au long de ces pages, la technologie s'apparente à un plat cuisiné : elle n'est appréciable que si elle est réalisée avec les bons ingrédients, au bon niveau de maturation et prête pour une dégustation facile.

Les ingrédients qui ont accompagné notre parcours de l'apparition du web à l'IA sont au nombre de huit :

- L'évolution du coût de calcul ou de stockage de l'information ;
- La facilité d'accès à l'information avec internet, ses moteurs de recherche et les réseaux sociaux ;
- Conséquences des deux premiers ingrédients : le coût du séquençage du génome humain, qui a diminué de 99,97 %, et les progrès afférents en biologie, médecine et nutrition ;
- La connectivité à internet, qui a atteint à la fin de 2023 environ 5,3 milliards de personnes, soit 67 % de la population de la planète, selon l'Union internationale des télécommunications (agence des Nations unies pour le développement spécialisé dans les technologies de l'information) ;

- Les 5,4 milliards de personnes qui utilisaient à la fin de 2023 un smartphone, soit à peu près le même nombre que le total des personnes connectées.
- La diffusion du cloud computing dans le monde, qui touchait 4,6 milliards de personnes à la fin de 2023 ; conséquence de cette connectivité universelle : notre interdépendance au niveau mondial (tout le monde peut savoir ce qui se passe partout sur la planète) ;
- La naissance d'énormes bases de données qui peuvent alimenter l'IA (grâce au développement du cloud, et d'internet en général) ;
- La sophistication sans cesse croissante de modèles d'apprentissage liée à l'évolution, elle aussi spectaculaire, des algorithmes depuis vingt ans. La personnalisation des services internet, rendue enfin viable économiquement par la combinaison des ingrédients précédents.

À ces ingrédients de base, ajoutons trois épices appelées à prendre de l'importance : l'éthique, l'éducation et la régulation.

Prévoir le futur est un exercice difficile car chaque évolution est influencée par la précédente et façonne l'usage que nous en faisons. Le nombre de paramètres à prendre en compte afin de prévoir le futur est tellement élevé que l'exercice demeure hors de portée, même pour une IA. Quelques certitudes émergent néanmoins. La régulation et l'éducation doivent jouer un rôle essentiel afin que l'IA déploie son potentiel positif. Et si nous travaillons aussi pour qu'émerge, au niveau mondial, un référentiel éthique commun, sous l'œil vigilant d'une autorité de régulation qui aura le pouvoir de mener le combat contre les déviations qui vont forcément survenir, nous pouvons tout de même rêver un peu et imaginer un monde qui évolue favorablement.

Ce monde utiliserait massivement l'IA afin de lutter contre le réchauffement climatique, pour la préservation de la biodiversité, pour combattre la faim dans le monde, pour rendre les humains capables d'évoluer et pour créer de nouveaux emplois qui remplaceraient ceux que le développement de l'IA et l'automatisation croissante vont forcément détruire.

La production électrique y sera assurée par le solaire et le nucléaire, qui se substitueront au charbon et au pétrole – imaginez de grandes usines solaires dans les déserts de chaque continent, composées de batteries capables de stocker cette énergie pour la consommation future. L'IA prévoira la consommation d'énergie et ajustera sa production, en temps réel.

Science-fiction ? Le projet Desertec vise déjà à produire dans le Sahara suffisamment d'énergie solaire pour alimenter l'Europe, le Moyen-Orient et l'Afrique du Nord. Selon Desertec, moins de 1 % de la surface des déserts mondiaux couverte par du solaire suffirait à répondre à la demande énergétique mondiale. Ce calcul suppose que l'on puisse transporter cette énergie avec des pertes minimes et la stocker sous forme de chaleur ou dans des batteries. Les progrès en cours dans ces domaines laissent espérer que d'ici quinze à vingt ans nous pourrions effectivement vivre dans une Europe alimentée par ce type d'énergie.

La médecine du futur sera peuplée de nanorobots circulant dans le corps humain et réparant cellules et organes, comme un mécanicien répare une voiture. L'IA permettra d'établir des diagnostics personnalisés ou de traiter les maladies au niveau cellulaire. Les nanorobots pourront réparer les tissus, éliminer les cellules malades voire améliorer les fonctions corporelles en temps réel, rendant le cancer ou les infections contrôlables voire curables. Thérapie génique personnalisée, régénération cellulaire, soins par nanorobots nous permettront de vivre plus longtemps et dans de meilleures conditions. À quel horizon ? 2030-2040.

Agriculture et alimentation seront également transformées, notamment grâce à l'agriculture de précision et à l'agriculture verticale. Grâce à l'IA, combinée aux drones et aux capteurs intelligents qui surveilleront les cultures en temps réel, l'usage de l'eau et des produits chimiques sera optimisé. Les agriculteurs seront en mesure de prendre des décisions fondées sur des données avec des rendements plus importants et un impact négatif sur l'environnement plus faible. L'agriculture verticale et urbaine devrait permettre des rendements cent fois supérieurs par unité de surface tout en consommant 95 % d'eau en moins. Cela grâce à des techniques comme l'hydroponie ou l'aéroponie. L'hydroponie est une méthode de culture où les plantes sont cultivées hors sol, leurs racines étant immergées dans une solution nutritive riche en minéraux. L'aéroponie consiste à faire pousser des plantes en suspension dans l'air : leurs racines sont vaporisées avec une solution nutritive optimisant l'absorption de l'eau et des ressources. Ces techniques sont encore trop chères mais nous les verrons évoluer. La date exacte de l'exploitation massive est difficile à prévoir mais quand cela arrivera, la faim dans le monde sera un problème à portée de solution.

Dans ce monde post-IA généraliste, l'IA accomplira de nombreuses tâches répétitives et physiques. Des secteurs comme le transport et toute forme de logistique seront remplacés. Les futurologues prévoient que 50 % des emplois actuels seront remplacés par l'IA. Mais pas de panique : la requalification des compétences évoluera vers des tâches dans lesquelles les qualités irréductiblement humaines telles que la créativité et l'empathie prévalent, ou vers des tâches de supervision, de contrôle et bien sûr de gestion des systèmes automatisés. Des métiers nouveaux comme « entraîneur d'IA », « intégrateur homme machine » ou « technicien en biotechnologies » vont apparaître. De plus, comme le tourisme s'est développé avec la révolution industrielle et les progrès des transports, le divertissement va se développer au fur et à mesure que les humains disposeront de plus de temps libre grâce à l'IA.

***

Nous ne voulons pas ici verser dans un optimisme béat. Ce qui précède n'annonce pas le futur. Mais cela dessine un futur possible, désirable, susceptible de nous faire collectivement adopter une attitude constructive.

Si une nouvelle déesse primordiale de la Terre – GAIA la régulatrice – voyait le jour, le monde se nourrirait à son sein d'éthique et d'éducation. Concentrons nos énergies pour la faire advenir et pour qu'émerge une IA positive, au service d'une humanité plus consciente et consciencieuse.

C'est à travers une attitude humble, une rigueur absolue dans la défense des valeurs communes, par la volonté d'investir dans l'éducation et de résoudre les problèmes de notre planète que nous développerons une IA « capable de contribuer à un monde meilleur ».

ÉPILOGUE

En somme, suivons le précepte de saint François d'Assise : « Commence par faire le nécessaire, puis fais ce qui est possible, et tu réaliseras l'impossible sans t'en apercevoir. »

REMERCIEMENTS

Nous tenons à remercier les nombreux dirigeants européens qui nous ont aidé à évoluer dans nos réflexions sur la souveraineté, l'importance des valeurs humaines et l'équilibre de pensée. Un chaleureux remerciement, en particulier, à Jean-Paul Agon, Bernard Arnault, Bartolomeo Banche, Nicolas Bazire, Yannick Bolloré, Henri de Castries, Jérôme Chartier, Nathalie Collin, Matteo del Fante, Philippe et Laurence Dessertine, Hervé Dumesny, John Elkann, Frédéric Filloux, Laurence Franceschini, Pierre Godé (†), Tim Hoettges, Hubert Lanvin, David Layani, Maurice Lévy, Sergio Marchionne, Étienne Mougeotte (†), Günther Oettinger, Arnaud de Puyfontaine, Stéphane Richard, Philippe Robinet, Pascal Rogard, Silvia Maria Rovere, Éric Salobir, Rodrigo Sepulveda, Maria Rosaria Taddeo, Roberto Viola, Véronique Weill et tant d'autres.

Nous portons l'entière responsabilité du contenu de ce livre mais il n'aurait jamais pu naître sans les nombreuses rencontres multiformes et formatrices de ces dernières années.

Composition et mise en pages
Nord Compo à Villeneuve-d'Ascq
Achevé d'imprimer en janvier 2025
sur Roto-Page par l'Imprimerie Floch à Mayenne
pour le compte des éditions Calmann-Lévy
21, rue du Montparnasse 75006 Paris
commercial@calmann-levy.fr

PAPIER CERTIFIÉ

CALMANN LEVY s'engage pour l'environnement en réduisant l'empreinte carbone de ses livres.
Celle de cet exemplaire est de :
550 g éq. CO_2
Rendez-vous sur
www.calmann-levy-durable.fr

N° d'éditeur : 1212123/01
N° d'imprimeur : 106281
Dépôt légal : janvier 2025
Imprimé en France